RECHERCHES

ÉPREUVES PHOTOGRAPHIQUES

POSITIVES.

Paris. — Imprimerie de GAUTHIER-VILLARS, successeur de MALLET-BACHELIER, rue de Seine-Saint-Germain, 10, près l'Institut.

RECHERCHES

THÉORIQUES ET PRATIQUES SUR LA FORMATION

DES

ÉPREUVES PHOTOGRAPHIQUES

POSITIVES,

PAR

MM. DAVANNE ET GIRARD.

MÉMOIRE PRÉSENTÉ A L'ACADÉMIE DES SCIENCES ET A LA SOCIÉTÉ FRANÇAISE
DE PHOTOGRAPHIE.

PARIS,

GAUTHIER-VILLARS, IMPRIMEUR-LIBRAIRE

DU BUREAU DES LONGITUDES, DE L'ÉCOLE IMPÉRIALE POLYTECHNIQUE.

SUCCESSEUR DE MALLET-BACHELIER,

Quai des Augustins. 55.

1864

SOMMAIRE.

PHOTOGRAPHIQUES POSITIVES.

Les opérations photographiques donnent souvent naissance à des phénomènes remarquables que, faute de les avoir étudiés, on est tenté de regarder comme des anomalies. Les réactions les plus inattendues, les effets les plus insolites viennent fréquemment contrarier le travail du photographe. Inexpliqués jusqu'ici, ces phénomènes doivent néanmoins rentrer dans la série des réactions chimiques ordinaires, et une étude attentive, guidée par une analyse méthodique, doit nécessairement conduire à trouver leur raison d'être, en les isolant et les dégageant des circonstances accessoires.

L'exécution des épreuves positives est, plus que toute autre phase du travail photographique, sujette à la production de ces phénomènes. Souvent les colorations, la netteté, l'intensité, la solidité, varient dans des limites extrêmes, sans que la cause en soit apparente et nettement établie. C'est à l'étude de ces particularités curieuses que nous nous sommes attachés dans ce travail, et nous nous considérerons heureux si, après avoir signalé quelles en sont les causes au point de vue chimique, nous pouvons indiquer aux opérateurs quelles sont les circonstances les plus favorables où ils puissent se placer pour leurs travaux.

La marche que nous avons suivie dans cette étude était naturellement tracée, elle est parallèle à celle que suit le photographe lorsqu'il veut obtenir une épreuve positive. Prendre le papier au sortir de la fabrique, lui faire subir les diverses préparations photographiques pour l'amener à l'état d'épreuve parfaite, préciser à chaque phase du travail les circonstances diverses qui peuvent se présenter, en rechercher, en expliquer les causes, indiquer par suite les précautions à prendre pour éviter celles qui seraient fâcheuses, tel a été le plan auquel nous avons subordonné nos recherches.

CHAPITRE PREMIER.

DU PAPIER.

§ Ier. — *Résultats différents fournis par les divers papiers.*

Du papier positif. — Les photographes ont souvent remarqué les différences de coloration et de netteté que présentent au sortir du bain fixateur les épreuves obtenues sur des papiers de diverses provenances ; les unes sont grises, les autres jaunes ou orangées, les autres pourpres, etc. Ce premier phénomène devait tout d'abord nous arrêter, et il nous conduisait, d'une manière naturelle, à rechercher si la composition même du papier pouvait influer sur la nature de l'épreuve. Il fallait examiner si ce phénomène se produisait d'une manière accidentelle, ou s'il était dû à une cause permanente, et ce dernier cas établi, en rechercher les raisons théoriques.

Pour bien dégager le phénomène, nous avons soumis tout d'abord à l'expérience le *papier naturel* (si l'on nous permet de nous exprimer ainsi), c'est-à-dire le papier sortant de la fabrique et n'ayant subi ni un encollage additionnel, ni un cylindrage particulier, etc. Les papiers sur lesquels nous avons opéré étaient des provenances les plus diverses ; ils consistent en :

1°. *Papiers français* connus sous les noms de Canson, Lacroix, Kléber et Marion ;

2°. *Papiers anglais* connus sous les noms de Whatmann et Turner ;

3°. *Papiers allemands* connus sous le nom de *Saxe.*

Ces différents papiers ont été tous soumis à une même préparation, dont nous avons choisi la formule en prenant la moyenne des formules ordinaires, de façon à ne point nous placer dans des circonstances extrêmes : ainsi le bain de sel était d'une richesse de 6 pour 100, celui de nitrate d'argent de 18 pour 100, celui d'hyposulfite de soude de 25 pour 100. La préparation a été conduite de la manière ordinaire, et nous nous sommes arrêtés naturellement après le fixage, le virage devant nécessairement intervenir d'une manière indépendante dans la coloration définitive.

En opérant ainsi, nous avons été conduits à reconnaître, de la manière la plus nette et la plus absolue, que :

1°. Les papiers anglais donnent des tons rouges sensiblement identiques entre eux, mais différant très-nettement des tons fournis par les papiers allemands et français ;

2°. Les tons plus jaunes fournis par les papiers allemands et français n'offrent entre eux que des différences peu appréciables.

Ces résultats sont d'ailleurs constants.

§ II. — *Influence de l'encollage sur le ton des épreuves.*

Pour expliquer ces différences si tranchées une hypothèse se présente d'abord, hypothèse basée sur la nature de l'encollage de ces différents papiers. Il paraît difficile d'ailleurs d'admettre entre les uns et les autres de sérieuses variations de composition pour la fibre même. En effet, en France, en Angleterre, en Allemagne, le chiffon est préparé sensiblement par les mêmes moyens, et la nature de la cellulose qu'il fournit est partout identique. Il n'en est pas de même pour les encollages ajoutés au papier photographique, encollages fort différents, puisque en Angleterre ils sont essentiellement formés de gélatine, en France et en Allemagne d'amidon additionné de savon de résine.

Quelques expériences simples et méthodiques nous ont permis de préciser l'action de ces divers encollages dans la production de l'épreuve.

Si l'on prend un papier sans colle et si après l'avoir soumis aux préparations ci-dessus indiquées on y produit une épreuve, celle-ci est d'un ton gris-noirâtre extrêmement sourd. Mais si l'on encolle directement cette même feuille, soit avec de la gélatine, soit avec de l'amidon, et qu'on opère comme il vient d'être dit, on obtient des épreuves qui rappellent par leurs tons ceux que fournissent les papiers anglais et français ; les premiers s'obtiennent sur les feuilles encollées à la gélatine, les seconds sur celles encollées à l'amidon.

Cette expérience établit donc d'une manière précise que l'encollage exerce une action énergique sur la coloration de l'épreuve. Elle établit, en outre, que sur les papiers tels que les livrent les fabricants cette coloration est rouge-pourpre avec ceux encollés à la gélatine, quelle que soit leur provenance ; qu'elle est plus jaune avec ceux encollés à l'amidon, et se rapproche alors des teintes fournies par la sépia.

1.

Ce premier point établi, il était curieux de rechercher si l'abondance de l'encollage pouvait également jouer un. rôle dans la coloration. Les expériences entreprises à ce point de vue nous permettent d'établir ce résultat, qu'en effet ce n'est pas tant la nature de l'encollage que son abondance qui influe sur la coloration, de telle sorte qu'il est très-facile de communiquer aux papiers, en les encollant fortement à l'amidon, la faculté de produire des épreuves aussi rouges et aussi nettes que celles fournies par les papiers à la gélatine. Et c'est ici le cas d'insister sur ce point, que l'encollage, en même temps qu'il donne à l'épreuve une grande vigueur, lui communique une netteté et une finesse proportionnelles.

Nous avons établi l'influence d'un encollage abondant en opérant comparativement sur différents papiers. Si par exemple on prend du papier de Saxe, on y obtient une épreuve déjà plus rouge et plus claire que celle donnée par le papier sans colle. Un léger encollage à l'albumine, qui donne habituellement des tons si clairs, change peu la nature de l'épreuve ; un excès d'amidon lui communique au contraire un ton très-vif tirant sur l'orangé ; enfin un encollage avec une solution de gélatine à 5 pour 100 lui donne les tons rouges vifs les plus éclatants. Mieux encore : si l'on prend un papier anglais, Turner par exemple, qui déjà encollé à la gélatine donne des tons rouges vigoureux, qu'on lui fasse subir un encollage additionnel avec une gélatine à 5 pour 100, on voit l'épreuve monter encore de ton.

Des expériences qui précèdent, il résulte donc bien évidemment que :

1°. Les épreuves en l'absence d'encollage de fabrication sont grises et sourdes ;

2°. L'abondance de l'encollage est la principale cause qui fait varier les tons du papier ;

3°. Le ton est d'autant plus vif, la finesse paraît d'autant plus grande, que l'encollage est plus abondant si l'on n'excède pas d'ailleurs certaines limites indiquées par l'expérience ;

4°. La gélatine fait virer vers le rouge pourpre ; l'amidon vers le rouge orangé.

Ces faits, une fois nettement établis, il restait à en rechercher la cause théorique ; nous croyons y être parvenus par les expériences suivantes.

On sait que le chlorure d'argent, mélangé d'un excès de nitrate, se réduit à la lumière en prenant une teinte gris-violacé, et que le produit final après lavage à l'hyposulfite de soude est de l'argent pur (1). Nous avons établi cette proposition dans nos premières recherches sur l'altération des épreuves positives, et nous avions même admis alors, en ne tenant pas compte de l'encollage, que l'argent était sur la feuille à l'état métallique et non pas à l'état de sous-chlorure. Cette proposition est toujours vraie d'ailleurs pour les papiers sans colle.

Si, au lieu d'opérer comme nous venons de le dire, on fait une solution de gélatine à 2 pour 100, qu'on l'additionne de sel marin dans la proportion de 1 pour 100 par exemple, qu'on ajoute à cette solution un grand excès de nitrate d'argent, on obtiendra naturellement un abondant précipité de chlorure d'argent pur, puisque l'azotate d'argent n'exerce tout d'abord aucune action sur la gélatine. Mais à partir du moment où ce magma sera porté à la lumière dans une cuvette plate, l'action sera bien différente de ce qu'elle était lorsque la solution était simplement aqueuse et ne renfermait pas de gélatine. Immédiatement, en effet, il se produit dans la liqueur une coloration rouge-acajou; si, au bout de quelque temps, on ajoute de l'hyposulfite de soude pour dissoudre le chlorure d'argent non attaqué et qu'on filtre, on s'aperçoit avec étonnement que la partie du chlorure qui a été décomposée par la lumière est passée à l'état soluble. Si, au contraire, on prolonge pendant plusieurs heures l'exposition à la lumière en renouvelant la surface, si surtout on élève la température vers 25 degrés, on obtient un précipité rouge-noirâtre d'autant plus abondant, que l'exposition a été plus longue. En ajoutant alors de l'hyposulfite pour se mettre dans les mêmes conditions que l'opérateur qui produit une épreuve positive, recueillant sur un filtre et lavant longtemps à l'eau distillée tiède, on obtient un précipité qui se dessèche sur le filtre en un vernis insoluble noir à reflets rouges et dorés, rappelant par son aspect certains extraits colorants. Cette substance n'est autre qu'une combinaison d'argent ou d'oxyde d'argent avec la gélatine. La quantité que nous en avons obtenue n'a pas été suffisante pour que nous pussions en faire une combustion quantitative; néan-

---

(1) Voir *Bulletin de la Société française de Photographie*, tome I, page 186

moins nous avons pu établir la nature de ce produit par les
expériences suivantes :

Chauffée sur la lame de platine, elle brûle en dégageant
l'odeur propre aux matières organiques azotées, et en laissant
un résidu d'argent métallique.

Chauffée avec la potasse solide, elle laisse dégager de l'ammoniaque facile à reconnaître par les procédés ordinaires.

Calcinée avec l'oxyde de cuivre, elle dégage de l'acide carbonique qui trouble l'eau de chaux, et de l'eau qui se condense
dans le tube.

Enfin, insoluble dans l'acide chlorhydrique, elle se dissout
vivement dans l'acide nitrique en dégageant des vapeurs nitreuses.

Si nous rapprochons le fait de cette combinaison de certaines particularités que nous avons pu observer dans le cours
de ces recherches, il nous sera possible d'établir une théorie
assez satisfaisante des colorations et des nettetés diverses qu'on
obtient sur les feuilles positives.

Nous avons remarqué, en effet, qu'une feuille encollée,
coupée en deux, et dont la première moitié donne une épreuve
d'un ton rouge vif, se comporte d'une façon toute différente
dans sa seconde moitié, si on traite celle-ci par l'acide acétique
à 20 pour 100 de manière à lui enlever tout son encollage. Dans
cette circonstance, cette feuille commence à noircir dans l'obscurité même, en donnant un ton gris pâle et sourd, tandis
que le papier encollé y résiste d'autant plus longtemps, que
l'encollage est plus fort.

Il nous semble donc rationnel de dire que, si le papier est
sans colle, une combinaison tend à s'opérer entre la fibre du
papier et un composé argentique; ou plus simplement encore,
le sel d'argent tend à se décomposer et à se réduire de lui-
même. Peut-être même, d'après les récentes expériences de
M. Schœnbein, l'oxygène ozonisé joue-t-il un rôle dans cette
circonstance. Mais si le papier est encollé, l'affinité spéciale
de la matière employée comme encollage, pour les composés
argentiques, combat la disposition du sel d'argent à se combiner avec le papier ou à se réduire de lui-même, et tandis
qu'il se forme la combinaison rouge que nous avons signalée,
l'action ne s'exerce pas *sur* ou *par* le papier lui-même, et

l'image acquiert une grande netteté en même temps qu'elle prend les tons rouges propres à l'encollage.

Après avoir établi ce premier point, nous avons dû nous préoccuper d'autres circonstances encore.

§ III. — *Influence de l'encollage sur la rapidité.*

Nous avons recherché si la nature de l'encollage ou son abondance pouvaient agir sur la rapidité avec laquelle se produit l'épreuve; dans aucun cas nous n'avons remarqué de différences, même en prenant comme exemples les papiers auxquels on attribue les rapidités les plus diverses, tels que le papier Whatmann et le papier Canson. L'un et l'autre ont donné à ce point de vue les mêmes résultats.

§ IV. — *Influence de l'épaisseur.*

L'influence que pouvait exercer l'épaisseur diverse du papier au point de vue de la coloration et de l'intensité devait nous arrêter également. Pour résoudre cette question, nous avons pris des papiers d'épaisseurs diverses provenant de fabrication identique que nous a procurés M. Marion (et nous devons saisir cette occasion de remercier cet industriel de l'obligeance avec laquelle il a mis à notre disposition les échantillons si divers dont nous avons eu besoin dans le cours de ces recherches). Ces papiers, au nombre de six, ont été traités de la même manière, et pendant un temps rigoureusement identique; ils ont donné ensuite des épreuves de tons différents, mais dans de faibles limites; le plus mince donnait l'épreuve la plus pâle, et le ton montait avec l'épaisseur jusqu'au plus fort des six échantillons. Ces différences pouvaient tenir à deux causes : la première hypothèse consistait en ceci, que le papier absorbe sur le bain de sel une quantité d'autant plus grande de chlorure de sodium, qu'il est plus épais; cette hypothèse a dû être immédiatement éliminée, car l'expérience a démontré que les papiers pesant par rame :

kil		gr
11	renfermaient par feuille	0,286 de sel.
10	—	0,315
8	—	0,302
6	—	0,297
3,50	—	0,292
2,50	—	0,296

D'où il résulte que des papiers de même fabrication laissés le même temps sur le bain de sel, en absorbent la même quantité, quelle que soit leur épaisseur.

Les légères variations de teinte que nous venons de signaler doivent donc être attribuées à l'encollage, dont la quantité augmente naturellement d'une manière proportionnelle à l'épaisseur.

§ V. — *Influence du cylindrage et du satinage.*

Enfin, nous avons également recherché si le cylindrage et le satinage pouvaient apporter quelques modifications soit à la rapidité, soit à la finesse ; nous n'en avons pu signaler aucune. Ce dernier essai a été fait avec des clichés de M. le comte Aguado, à la complaisance duquel nous nous étions adressés, ne possédant pas de clichés d'une finesse suffisante pour servir à ces essais délicats.

¡§ VI. — *Des encollages additionnels.*

L'influence des encollages abondants dans la préparation des épreuves positives, influence dès à présent bien démontrée, nous donne à priori la raison d'une pratique généralement usitée parmi les photographes, et qui consiste à recouvrir les papiers de fabrique d'un encollage additionnel formé soit d'amidon, soit de gélatine, soit d'albumine.

Les recherches qui précèdent ont établi, en effet, qu'en augmentant graduellement, jusqu'à une certaine limite, la quantité des encollages, on faisait croître l'épreuve dans le même rapport en vigueur et en netteté ; elles ont montré, en outre, qu'il était facile d'obtenir les mêmes résultats avec l'un quelconque des trois modes d'encollage ci-dessus mentionnés, en faisant varier les proportions des matières employées.

Mais, à côté de ces faits, il est important d'en établir d'un autre ordre, de rechercher si toutes les matières amylacées ont entre elles la même valeur, et de soumettre au même contrôle, d'une part les matières gélatineuses, d'une autre les substances albuminoïdes.

Les expériences suivantes, en éclaircissant ce fait, pourront fournir quelques renseignements utiles à la pratique de la photographie.

1°. *Matières amylacées.* — L'amidon employé à même dose,

sous les formes les plus variées, a toujours donné des résultats sensiblement identiques. Ainsi, nous avons fait bouillir jusqu'à cuisson des empois formés de 100 parties d'eau distillée, et de 2 parties d'amidon, de fécule, d'arrow-root, de sagou, de tapioca, etc. ; nous avons encollé avec cet empoi diverses portions d'une même feuille de papier, et porté dans le même châssis, sous un même cliché, plusieurs de ces portions diversement encollées. Toujours les résultats ont été les mêmes, quelle que fût la matière employée; ou si quelque différence presque insensible s'est manifestée dans un ou deux cas, elle doit être attribuée à la différence d'hydratation de certaines matières employées, différence grâce à laquelle nous nous trouvions employer réellement un peu plus ou un peu moins d'encollage que nous ne le croyions.

Donc, toutes les substances amylacées employées comme encollage additionnel, à même poids de *matière sèche*, donnent sensiblement les mêmes résultats (1).

Il est à peu près inutile d'ailleurs de rechercher quelle sera l'influence de la quantité de matière amylacée, les recherches antérieures (§ II) ayant établi que l'effet était proportionnel à la quantité employée; nous avons cru devoir cependant faire varier les quantités de 1 à 3 pour 100, et nous avons vu se vérifier de nouveau l'assertion que nous avions émise ci-dessus.

2°. *Matières gélatineuses.* — Au premier abord, la question semble plus complexe ici que dans le premier cas, mais il n'en est rien; une étude attentive conduit aisément à la dégager d'un phénomène accessoire, et permet bientôt de dire, comme dans le premier cas, que toute gélatine donne, à poids égal de matière organique sèche, les mêmes résultats. En effet, nous avons, en opérant comme ci-dessus, encollé à même dose une feuille de papier avec les matières suivantes : colle de peau (connue sous le nom d'encollage blanc), colle de Flandre, colle de Givet, colle blanche transparente et colle de poisson, et tout d'abord nous avons observé de très-notables différences entre les portions d'épreuves encollées par ces différentes ma-

---

(1) Il est bon de rappeler ici que l'influence des matières amylacées comme encollage est bien moins énergique que celle des matières gélatineuses. Pour obtenir de bons résultats, on doit encoller avec un empois à 2 pour 100, puis opérer ensuite comme sur une feuille ordinaire.

tières. Pour n'en prendre qu'un exemple, si nous considérons celles connues sous le nom de colle de Flandre et colle de Givet, nous voyons qu'à dose égale (5 pour 100) la première donne une épreuve beaucoup plus rouge et plus vigoureuse que la seconde.

En examinant l'une et l'autre de ces colles au point de vue de leur composition, pour y rechercher la cause de ces variations, nous avons bientôt reconnu qu'identiques au point de vue de la matière organique, elles différaient grandement au point de vue de la matière minérale qu'elles renfermaient. En effet, calcinées au moufle, elles laissaient un résidu formé des produits de décomposition de l'alun employé à les clarifier, et ce résidu s'élevait

> Pour la colle de Givet à...... 2,5 pour 100
> Et pour la colle de Flandre à... 4,7   »

Si l'on remarque que la plus grande proportion de résidu correspond à l'épreuve la plus rouge et la plus vigoureuse, on comprendra que nous ayons été conduits de suite à considérer l'alun comme la cause première de ces différences et à essayer son action à ce point de vue. C'est ce que nous avons fait, et l'expérience a confirmé nos prévisions. En effet, étant donnée une feuille ordinaire, si nous encollons l'une de ses moitiés à la gélatine pure et l'autre à la gélatine alunée à 2 pour 100, nous obtiendrons sur la deuxième moitié une épreuve infiniment plus rouge que sur la première. Bien mieux, cette action nette et générale de l'alun, soit ammoniacal, soit potassique, s'exercera également sur les papiers de fabrique et sur les papiers encollés additionnellement à l'amidon, comme l'expérience directe nous l'a démontré.

Cette action de l'alun est, croyons-nous d'ailleurs, facile à expliquer. L'affinité spéciale des composés alumineux pour les fibres textiles est connue de chacun, et l'on comprendra dès lors qu'en présence de ceux-ci, aucune action ne puisse avoir lieu entre les sels d'argent et la fibre du papier, qu'elle se passe tout entière entre eux et l'encollage, qu'aucun voile ne se produise par suite, et qu'enfin l'épreuve soit plus nette et plus vigoureuse.

En somme, les matières gélatineuses employées à dose égale, et abstraction faite de la matière minérale, produisent le même effet; additionnées d'alun, elles donnent des épreuves plus rouges et plus vigoureuses.

Comme nous l'avons déjà dit pour l'amidon, l'effet de l'abondance de la gélatine était tout indiqué par nos recherches antérieures; nous l'avons vérifié cependant en encollant une même feuille à 2, 4 et 6 pour 100 d'une même colle; la netteté, la vigueur ont été en proportion directe de la quantité de matière employée.

Remarque. — On sait combien les matières gélatineuses altèrent les bains photographiques en s'y dissolvant; la présence de l'alun tend à leur enlever une partie de cette solubilité, mais c'est là un palliatif insuffisant; nous avons essayé de parer à ce défaut en passant la feuille une fois collée dans une solution de tannin ou d'acide gallique, de manière à tanner la gélatine et à la rendre par suite complétement insoluble. Nous sommes, il est vrai, parvenus de cette façon à empêcher la gélatine de se dissoudre dans les bains, mais nous avons rencontré d'autres inconvénients : le papier ne se débarrasse que difficilement du tannin dont il est imprégné, et par suite l'épreuve jaunit au dos très-rapidement. Nous ne croyons pas que cette méthode doive être conseillée (1).

3°. *Matières albumineuses.* — L'albumine que naturellement nous n'avions pu examiner en étudiant les encollages de fabrique, devait nous arrêter quelque temps, pour cette raison surtout qu'elle constitue l'encollage additionnel le plus usité parmi les photographes.

Son rôle est tel qu'on pouvait le prévoir, c'est-à-dire qu'elle donne aux épreuves une couleur rouge, un éclat, une vigueur d'autant plus considérables, que la quantité employée est plus abondante. Il est inutile de rappeler l'action exercée par l'albumine pure employée comme encollage, les photographes la connaissent trop bien; mais il est intéressant de suivre pas à pas les progrès que fait l'épreuve avec la concentration de l'en-

---

(1) Le meilleur mode d'emploi de la gélatine est un encollage variant de 2 à 5 pour 100; mais la difficulté d'employer cette matière, l'altération qu'elle apporte aux bains photographiques quelque soin que l'on prenne, s'opposeront le plus souvent à ce que les opérateurs en fassent usage, à moins que le bain d'argent ne serve que pour une seule série d'épreuves; il serait meilleur dans ce cas d'étendre le nitrate d'argent soit au tampon, soit au moyen du triangle de verre.

collage. Un traitement par une eau renfermant $\frac{2}{10}$ seulement d'albumine suffit déjà pour amener une modification ; avec $\frac{3}{10}, \frac{4}{10}, \frac{5}{10}$, la vigueur augmente ; à partir de ce point, le vernis brillant dû à l'albumine apparaît et va en augmentant pour $\frac{6}{10}, \frac{8}{10}$, et enfin atteint son maximum avec l'albumine pure.

L'albumine ammoniacale qui jouit de si remarquables propriétés de conservation agit comme l'albumine ordinaire ; comme elle, elle donne une épreuve d'autant plus vigoureuse, que la quantité en est plus forte ; mais son énergie est peut-être d'un degré inférieur à celle de l'albumine ordinaire. Ajoutons qu'avec ce produit le vernis brillant de l'albumine disparaît pour ne se montrer que lorsqu'on l'emploie à son état de concentration naturel.

Nous avons cru devoir examiner également si l'albumine desséchée du commerce pourrait être substituée à l'albumine fraîche pour l'encollage des papiers. Employée à la dose de 12 pour 100 d'eau, elle donne une solution moins claire, mais peut néanmoins être parfaitement utilisée au lieu de l'albumine fraîche qu'elle remplace d'une manière absolue.

4°. *Encollage par l'acide sulfurique.* — Il nous a paru intéressant de faire également quelques recherches sur le papier traité par l'acide sulfurique, connu sous le nom de papier parchemin, et sur lequel MM. Gaine, Barlow et Crookes ont exécuté, en Angleterre, de curieux essais. On sait qu'en immergeant pendant quelques instants une feuille de papier dans l'acide sulfurique étendu de moitié son poids d'eau, lavant ensuite à l'eau pure, à l'eau ammoniacale, puis séchant, on obtient une matière dure et résistante, à laquelle s'applique fort bien le nom de parchemin. Nous avons traité de cette manière des papiers de diverses origines ; mais en leur appliquant ensuite les préparations photographiques, nous avons rencontré de sérieuses difficultés. Au sortir de l'acide sulfurique et de l'eau de lavage, le papier se raccornit en séchant, ce n'est qu'avec grand'peine qu'on parvient à l'étendre sur le bain de sel, où il faut d'ailleurs l'immerger ; au sortir de celui-ci, comme après le bain d'argent, il sèche très-lentement, et sa dessiccation n'est pas encore complète au bout de trois heures ; enfin il éprouve sous l'action de la chaleur un retrait considérable, de telle sorte que si, la feuille étant dans le châssis d'exposition, l'opérateur veut ouvrir celui-ci pour suivre la marche de l'épreuve, ce court instant suffit pour qu'un retrait notable s'opère, et que par suite toutes les lignes se trouvent doublées sur la moitié de l'épreuve ainsi soustraite à la pression pendant un instant. Aussi nous semble-t-il difficile que ce mode de préparation puisse être mis en usage ; du reste, nous examinerons bientôt l'action de l'acide sulfurique appliqué sur l'épreuve terminée, par le procédé qu'a fait connaître M. Crookes.

§ VII. — *Conclusions.*

En résumé, dans la préparation des épreuves photographiques :

1°. L'encollage est la cause des diverses colorations qu'elles présentent, et il agit par son abondance plus que par sa nature, en donnant des tons vifs et clairs dus à la formation d'une combinaison argentique à la fois et organique ;

2°. Il n'agit pas sur la rapidité ;

3°. L'épaisseur des papiers n'a d'action qu'au point de vue de l'abondance de l'encollage et de la facilité des manipulations ;

4°. Le cylindrage n'agit pas sur la finesse.

De ce qui précède on doit conclure que tous les papiers de fabrication spéciale et bien soignés peuvent être également employés pour l'obtention des épreuves positives, pourvu qu'ils soient fortement encollés à l'amidon ou à la gélatine, et que par suite il est facile de donner à un papier français bien fabriqué la même valeur photographique qu'aux meilleurs papiers anglais.

§ VIII. — *Des taches du papier positif.*

Avant d'abandonner le sujet qui nous occupe, c'est-à-dire l'examen des influences diverses que peut exercer le papier sur les épreuves photographiques positives, suivant les divers modes de fabrication auxquels il a été soumis, il est un point sur lequel nous devons insister et appeler l'attention tant des photographes que des fabricants : nous voulons parler des taches qui viennent si souvent annuler ou tout au moins diminuer la valeur d'une épreuve d'ailleurs parfaitement réussie.

Ces taches peuvent être rangées en deux classes bien distinctes : les unes, visibles à priori, n'offrent qu'un faible danger, car il est toujours facile au photographe de choisir un papier immaculé et de se préserver par suite des taches de ce genre ; les autres, invisibles à priori, sont les plus graves, non-seulement parce qu'elles atteignent souvent de grandes proportions, mais aussi et surtout parce qu'il est impossible de s'en préserver par le choix même le plus sévère parmi diverses feuilles de papier. Aussi examinerons-nous rapidement les premières, réservant toute notre attention pour les secondes.

La première classe de taches en renferme de quatre espèces :

1°. Les unes, opaques, d'un brun foncé, presque noir, atteignant souvent 1 millimètre de diamètre, se montrent tantôt à la surface, tantôt dans l'intérieur de la pâte. Parmi les photographes, les uns les considèrent comme formées de charbon, les autres comme formées d'oxyde de fer. Cette dernière opinion est la vraie, car si l'on isole avec soin quelques-unes de ces taches, si on les calcine à l'air, de manière à détruire la matière organique, elles ne subissent aucun changement, et le résidu, qui se dissout avec peine dans l'acide chlorhydrique, répond ensuite à toutes les réactions des sels de fer. La nature de ces taches n'est donc pas douteuse ; quant à leur action sur l'épreuve, elle est sensiblement nulle ; après la venue de celle-ci, elles apparaissent dans le même état qu'elles affectaient sur la feuille encore vierge de toute préparation.

2°. D'autres, beaucoup plus rares, se montrent avec une couleur bleue claire ; leur nature est facile à établir, elles sont dues à quelques parcelles de l'outremer employé pour l'azurage du papier. D'ailleurs elles sont sans aucune action sur la venue de l'épreuve.

3°. D'autres sont simplement formées de petits débris de paille.

4°. D'autres enfin, que l'étude microscopique a pu seule nous faire connaître, sont formées de petites plaques de résine provenant de la décomposition sur place du savon de résine employé dans l'encollage. Elles ne paraissent, pas plus que les précédentes, exercer une action sur la venue de l'épreuve.

Ces quatre sortes de taches ne nous paraissent donc pas dangereuses, car elles restent ce qu'elles sont lorsque la feuille où elles sont disséminées sert à la préparation d'une épreuve, et d'ailleurs il est toujours possible de les éviter en choisissant le papier convenablement.

Mais arrivons aux taches que nous avons désignées provisoirement sous le nom de taches invisibles à priori. Chacun sait l'effet désastreux qu'elles produisent sur les épreuves. Là, en des places où primitivement aucune impureté n'apparaissait, elles se montrent au sortir de l'hyposulfite de soude, sous la forme d'un point étoilé, atteignant quelquefois 2 et 3 millimètres de diamètre; autour de ce point s'étend un cercle blanc ou du moins fort peu coloré, se prolongeant souvent en une traînée de même nature, qui descend toujours dans le sens suivant lequel s'est écoulé le liquide lorsque la feuille a été pendue pour sécher.

L'étude de ces taches, nous n'avons pas besoin de le dire, présentait d'extrêmes difficultés; il ne fallait point penser à l'analyse directe pour en préciser la nature; quelle que fût la matière qui les formait, elle devait être en quantité trop minime pour que les réactifs pussent la déceler; c'est par l'étude microscopique et par les déductions tirées de certaines réactions opérées sur les feuilles mêmes, que nous avons pu parvenir au but vers lequel nous tendions.

Le microscope dont nous avons fait usage était un excellent instrument que M. Nachet, l'habile constructeur, avait bien voulu mettre à notre disposition; nous lui en exprimons ici nos remercîments.

Dans cette étude complexe, le premier point qui devait nous préoccuper était de rechercher à quel moment de la préparation ces taches se produisaient. Pour cela, nous avons dû établir d'abord qu'en réalité c'était bien en des points où aucune impureté n'était visible que ces taches se développaient. Nous y sommes parvenus en prenant des feuilles que nous savions devoir fournir nombre de taches de ce genre, y marquant tous les points de quelque nature qu'ils fussent, que nous pouvions y découvrir avec une forte loupe, et les employant ensuite au tirage d'une épreuve. Les taches nombreuses que nous avons ainsi obtenues ne correspondaient jamais à l'une quelconque de nos marques, qu'elles fussent grosses ou petites. L'expérience montre donc que la cause de la tache est tellement ténue, qu'elle est invisible.

En répétant cette expérience sur la feuille au sortir du bain de sel, nous avons pu voir que celui-ci n'influait en rien sur la cause des taches, et que celles-ci n'avaient nullement apparu dans ce bain.

Mais si nous suivons l'épreuve au sortir du bain de nitrate d'argent, nous verrons le phénomène se manifester même dans l'obscurité. Bientôt certains points noirciront, et cet état de choses ira en grandissant jusqu'à une certaine limite. Quelquefois même on apercevra tout autour du point un cercle qui se détachera en blanc sur le fond un peu noirci de la feuille. Si au lieu d'opérer dans l'obscurité, et pour hâter la réaction, nous laissons la feuille noircir un peu à la lumière, et que nous passions à l'hyposulfite de soude, ces taches apparaîtront presque immédiatement avec une netteté parfaite. C'est donc à l'action du nitrate d'argent qu'est due la formation de la tache.

Examinée au microscope sous un fort grossissement, celle-ci s'est montrée sous une forme bien définie; elle affecte, en effet, celle de cristaux prismatiques allongés, disposés sous forme de feuilles de fougère tout autour des fibres composant le tissu du papier. Les cristaux rayonnent autour d'un centre commun, et leur aspect les rapproche immédiatement des dépôts d'argent métallique obtenus cristallisés par voie humide.

Lorsque, pour vérifier et établir d'une manière certaine la nature de ces cristaux, nous les avons traités sous le microscope par une goutte d'acide azotique, nous avons obtenu un résultat surprenant qui, nous troublant d'abord, a fini par nous conduire à d'importantes observations. En effet, sous l'influence de l'acide azotique, les cristaux obtenus sur une feuille sortant de l'hyposulfite ne se dissolvent pas; ils ne sont donc pas formés d'argent métallique. En présence de ce fait, et guidés par la pensée que les cristaux avaient pu être primitivement d'argent et s'être ensuite sulfurés par suite d'une décomposition inhérente à la tache elle-même (sulfuration qui les eût rendus insolubles dans l'acide azotique étendu), nous avons opéré de même sur une autre feuille que nous avons fixée à l'ammoniaque, et nous avons reconnu que les cristaux, identiques d'ailleurs aux précédents pour la forme, se dissolvaient aisément dans l'acide azotique étendu. D'ailleurs, et ce fait nous servira bientôt pour établir définitivement la nature

de ces taches, on n'apercevait plus autour des cristaux ce cercle
et cette traînée d'un blanc si marqué qui caractérisent les
épreuves sortant de l'hyposulfite.

Dès lors un pas important était fait dans la question, et
groupant ensemble ces trois faits, de la forme cristalline de la
tache, de sa sulfuration dans l'hyposulfite de soude, et de la
non-reproduction du cercle blanc dans l'ammoniaque, nous
étions amenés à construire une théorie rationnelle. Au contact
d'une cause inconnue encore, le nitrate d'argent qui recouvre
la feuille conjointement avec le chlorure, se décompose, l'argent cristallise, l'acide nitrique mis en liberté reste autour de
la tache en formant une auréole acide que rien ne signale
tout d'abord. Mais la feuille vient-elle à noircir légèrement
dans l'obscurité, tandis que les parties normales subissent
cette action, le cercle acide qui entoure la tache, cercle moins
sensible puisque la cristallisation centrale lui a enlevé une certaine quantité d'argent, ne noircit pas à l'unisson du reste;
passe-t-on l'épreuve noircie dans l'ammoniaque pour la fixer,
les cristaux restent, et tout autour d'eux se manifeste un léger
cercle un peu moins coloré que le fond parce qu'il était moins
sensible; la passe-t-on, au contraire, dans l'hyposulfite de
soude, là où se trouve ce cercle acide, le sel est décomposé,
dégage de l'acide sulfureux et de l'hydrogène sulfuré, qui décolorent immédiatement ce cercle moins coloré déjà, tandis
qu'en même temps, sous l'influence des émanations sulfhydriques, les cristaux d'argent se sulfurent tout en conservant
leur forme.

Le mode de formation de la tache une fois connu, il restait
à en établir la cause, et à rechercher quelle était la substance
microscopique capable d'opérer sur place cette remarquable
décomposition du nitrate d'argent. Pour parvenir à cette détermination, nous avons suivi la marche suivante : des feuilles
que nous savions devoir être riches en taches, étaient coupées
en deux; une moitié sensibilisée à la manière ordinaire était
gardée comme témoin, l'autre était traitée de même, mais seulement après avoir été soumise à des réactifs capables d'enlever au papier certaines substances à l'exclusion de certaines
autres, de manière à appliquer, d'une manière détournée, la
méthode analytique dans cette question.

La place occupée par la tache dans le papier nous a fourni

d'abord une utile indication. Comme nous l'avons dit plus haut, en effet, les cristaux rayonnent autour d'un point central, et ce point est situé dans l'empâtement même du papier, en dehors des fibres sur lesquelles viennent s'étendre les aiguilles d'argent. C'est donc dans la pâte même du papier qu'il faut chercher cette cause.

Longtemps nous l'avons considérée comme due à une matière organique, peut-être à l'amidon, peut-être à la résine employée à l'encollage ou à l'un de leurs dérivés; aussi nos premiers essais de lavage du papier ont-ils eu lieu avec l'eau, l'alcool, l'éther, le carbonate de soude; dans aucun de ces cas les taches n'ont disparu.

Les matières organiques une fois éliminées par ces expériences, il ne restait plus que les métaux libres capables d'opérer une semblable précipitation d'argent métallique. La présence du fer métallique était tout d'abord peu probable, car, dans un pareil état de ténuité, celui-ci se fût oxydé sous l'influence des bains de sel, et par suite n'eût plus donné de taches; or, là n'est pas le cas. D'ailleurs l'expérience nous a montré que sur une feuille lavée à l'acide chlorhydrique, puis à l'eau, encollée de nouveau, et traitée à la manière ordinaire, les taches n'avaient pas disparu. Par un semblable traitement, le fer et le zinc se fussent dissous, le plomb se fût chloruré, et dans tous les cas l'effet nuisible eût disparu. En nous tenant aux métaux usuels, il ne nous reste donc plus à considérer comme pouvant être présents dans ce cas, que le cuivre et l'étain. La présence de l'un ou de l'autre devient indubitable lorsqu'on voit ensuite que sur une feuille lavée soit avec l'acide nitrique à 50 pour 100, soit avec l'eau régale, encollée et traitée comme ci-dessus, les taches ont disparu de la manière la plus complète et la plus absolue.

La production des taches dont nous nous occupons en ce moment doit donc être considérée comme due à la présence, en certains points, de traces d'étain ou de cuivre, peut-être des deux, que l'attention la plus minutieuse ne permet pas de reconnaître à priori (1).

---

(1) Quelquefois aussi, comme l'a reconnu M. Regnault, le papier renferme des parcelles de zinc qui par leur nature métallique produisent un effet identique à celui que fournissent celles dont nous nous occupons. Ces taches de zinc sont

Cette proposition, qui peut au premier abord paraître étrange, trouve, par bonheur, son explication toute naturelle dans les procédés actuels de fabrication du papier; elle permet d'établir comment certains papiers doivent nécessairement renfermer les taches de ce genre, tandis que d'autres en sont nécessairement exempts.

On sait, en effet, que les deux opérations les plus importantes de la fabrication, le défilage et le raffinage, dont le but est de mettre en fine charpie les chiffons, se passent dans des cuves que l'on nomme *piles*, et dans lesquelles le magma fibreux est obligé de passer entre un cylindre cannelé et une surface, cannelée également, que l'on nomme la *platine*. Chez un grand nombre de fabricants les platines et les cylindres sont formés de feuilles d'acier simplement assemblées, mais quelques autres mus par le désir de perfectionner, et trouvant que l'acier brisait la fibre textile d'une manière trop complète, lui ont substitué des platines et des cylindres cannelés en bronze. Ce sont précisément les papiers préparés avec ces appareils qui renferment les traces de bronze (cuivre et étain) qui amènent les taches dont nous parlons. Pendant le raffinage, en effet, le cylindre et la platine sont rapprochés presque jusqu'au contact, et dès lors l'usure des appareils dépose sur la fibre saisie entre ces deux surfaces de minimes portions de bronze, qui plus tard donneront autant de taches photographiques. Du reste, il est facile de vérifier dans les fabriques même qui emploient ces appareils que les cannelures du cylindre et de la platine s'usent assez rapidement et que les arêtes vives en sont remplacées par des arêtes mousses.

La cause des taches est donc connue; y a-t-il moyen de les éviter? Un premier remède, le plus sûr de tous, consisterait à remplacer le bronze par l'acier; celui-ci par son usure donnerait bien, il est vrai, des traces métalliques, mais elles seraient infiniment moins nombreuses que lorsqu'on emploie le bronze, parce que l'acier s'userait bien moins vite, et d'ailleurs ces traces de fer s'oxyderaient à coup sûr dans le bain de sel, et l'oxyde de fer résultant ne pourrait pas précipiter l'argent

---

dues au satinage entre des feuilles de ce métal; elles sont complétement à la surface et purement accidentelles. Celles dont nous parlons en ce moment, au contraire, sont inhérentes à une fabrication défectueuse.

métallique. Mais un moyen plus simple et plus facile serait, après le raffinage de la pâte, de soumettre celle-ci à un nouveau blanchiment à l'eau de chlore, ou mieux encore à l'hypochlorite de chaux traité par l'acide carbonique d'après l'élégant procédé de M. Paul Didot.

Notre tâche est terminée au point de vue de l'étude des papiers ; nous eussions désiré la pousser plus loin et faire exécuter sous nos yeux quelques essais d'après ces indications, mais les fabricants auxquels nous nous sommes adressés, loin d'être disposés à faire quelque sacrifice à la photographie, n'eussent consenti aux dépenses nécessaires qu'en échange d'une promesse de leur réserver le secret de nos résultats. Nous n'avons pas pensé que telle dût être notre conduite, et si nos recherches peuvent être utiles, nous aimons mieux les donner à tous que d'en faire profiter un seul (1).

CHAPITRE II.

DE L'OPÉRATION DÉSIGNÉE SOUS LE NOM DE SALAGE.

Nous connaissons maintenant les résultats fournis par les diverses conditions sous lesquelles peuvent se présenter les papiers positifs ; nous entrons plus avant dans notre sujet et nous abordons la première des opérations photographiques proprement dites, celle qu'on a désignée sous le nom de *salage*, et qui a pour but d'introduire dans le papier un sel soluble, généralement un chlorure, capable de former avec le nitrate d'argent un sel argentique insoluble, sur lequel la lumière doit ensuite exercer son action.

En nous plaçant à ce point de vue, nous devrons examiner : 1° l'influence de la concentration du bain de sel ; 2° l'influence du temps de contact entre la feuille et celui-ci ; 3° l'influence de la nature du sel, considérant d'abord le cas le plus ordinaire, celui où il s'agit d'un chlorure, pour passer ensuite aux autres sels capables de remplir le même but.

§ Ier. — *Influence de la concentration du bain.*

Le sel que nous avons choisi tout d'abord comme type dans ces opérations est le sel marin ; c'est à lui, en effet, que nous

(1) En terminant cette étude des papiers, c'est pour nous un devoir de remercier M. Fierlants des renseignements précis et intéressants qu'il a bien voulu nous fournir sur les fabrications belge et allemande.

devions nous adresser comme étant de l'emploi le plus général. Nous avons préparé avec ce réactif des solutions d'une richesse de 1, 2, 3, 4, 6, 8 et 10 pour 100, et placé sous un même cliché les diverses portions d'une feuille ainsi préparée ; le résultat a été remarquable et les différences bien tranchées. La teinte de l'épreuve, rouge et légère d'abord, monte rapidement avec l'accroissement de la quantité de chlorure, mais sort bientôt des tons rouges pour entrer dans une gamme plus foncée, et s'arrêter enfin dans des tons noirs et opaques, et que peu de photographes préféreront, croyons-nous (1).

L'analyse chimique donne bien vite la raison de ce phénomène, car elle montre, ce qui d'ailleurs paraissait évident à priori, que plus est grande la richesse du bain, plus le papier absorbe de chlorure soluble, et plus, par suite, il s'approprie d'argent par son passage dans le bain de nitrate. A l'appui de cette assertion, nous donnerons les nombres suivants :

Une feuille salée à 1 pour 100 renferme 0,020 de sel.
»	2	»	»	0,032	»
»	3	»	»	0,044	»
»	4	»	»	0,086	»
»	6	»	»	0,188	»
»	8	»	»	0,320	»
»	10	»	»	0,452	»

Ces nombres établissent d'une manière évidente que plus le bain est riche, plus le papier absorbe de réactifs, et les essais que nous venons de citer montrent que dans ces circonstances les épreuves se renforcent, mais en marchant vers des tons noirs et opaques. Ajoutons que la quantité de sel paraît n'avoir aucune influence sur les facultés conservatrices de la feuille avant l'exposition.

§ II. — *Influence du temps de contact entre la feuille et le bain de sel.*

Avant de nous placer à ce point de vue, il nous a paru utile de déterminer quel était le mode d'application du bain salé qui se présentait de la manière la plus convenable. Dans ce

---

(1) Les meilleurs résultats semblent donnés par les bains à 3 pour 100 de sel

but, après avoir séparé une même feuille en deux parties, nous avons salé la première par une simple étente sur le bain, la seconde par une immersion totale, le contact étant d'ailleurs prolongé pendant le même temps. Aucune différence considérable ne s'est montrée ensuite entre les épreuves obtenues sur ces deux moitiés ; la portion immergée offrait cependant des tons un peu plus noirs que celle qui avait été simplement posée sur le bain. D'ailleurs l'analyse indiquait entre les deux feuilles des différences de richesse considérables, car la quantité de sel s'élevait :

Pour la portion posée sur le bain à   0,180 par feuille.
»   »   immergée   à   0,305   »

Ces différences considérables sembleraient devoir, d'après le § Ier, donner dans le ton des épreuves des variations beaucoup plus importantes ; mais on comprendra aisément qu'il n'en soit pas ainsi, car si, dans le cas d'un bain plus riche en sel, le dépôt d'une quantité plus grande de sel en une seule place entraîne nécessairement la fixation d'une plus forte quantité d'argent, dans le cas dont nous nous occupons en ce moment il n'en est plus de même, car, au lieu d'être à une même place, le sel se trouve réparti sur les deux surfaces du papier, et par suite le côté soumis au bain d'argent ne se trouve pas sensiblement plus riche en sel que si la feuille avait été simplement posée sur le bain.

Pour nous rendre compte de l'influence du temps de contact entre la feuille et le bain de sel, nous avons posé sur celui-ci des portions de feuilles que nous y avons laissées 1, 5, 10 et 20 minutes. Les épreuves obtenues de ces portions de feuilles sous le même cliché n'ont présenté entre elles que de faibles différences ; celles-ci ont d'ailleurs lieu toujours dans le même sens, c'est-à-dire que l'augmentation de la quantité de sel conduit à des tons plus noirs et moins légers. Par la prolongation du séjour dans le bain, la quantité de sel absorbé a augmenté dans d'assez grandes proportions ; de 1 à 20 minutes elle a presque doublé ; mais elle n'arrive alors qu'au maximum de 0^{gr},200 par feuille, et d'ailleurs, comme dans le cas précédent, cette augmentation de richesse n'implique pas nécessairement qu'une plus grande quantité de sel soit déposée sur la surface du papier que doit ensuite baigner le nitrate d'argent ; elle est au contraire répandue dans toute la masse, c'est ce qui explique que les différences entre les épreuves ne soient pas plus marquées, malgré cette augmentation.

En somme, le mode d'emploi du bain de sel, le temps de contact entre celui-ci et la feuille sont sensiblement indifférents pour le résultat définitif.

§ III. — *Des différents sels employés pour la précipitation de l'argent.*

Ainsi que nous l'avons dit plus haut, il faut pour traiter convenablement cette partie de notre sujet, en faire deux parties distinctes, considérer dans l'une les résultats fournis par les différents chlorures alcalins, terreux ou métalliques, dans l'autre comparer aux effets fournis par ces derniers, ceux donnés par les sels solubles capables de jouer le même rôle que les chlorures dans le fait de la formation d'un sel d'argent insoluble. Occupons-nous d'abord du premier cas.

1°. *Des différents chlorures.* — Les chlorures employés en photographie positive sont fort nombreux ; mais, tandis que les uns sont d'un usage presque général ou tout au moins fort répandu, les autres n'ont été conseillés que par quelques opérateurs qui en ont préconisé l'emploi en leur attribuant certaines qualités essentielles et remarquables.

En suivant la voie dans laquelle nous marchons depuis l'origine de ce travail, et dont le but est d'éclairer autant que possible la marche de la photographie positive en simplifiant ses moyens et les ramenant à des lois précises et analytiques, nous devions attacher un grand intérêt à cette question. Il semblait possible en effet, à priori, que les chlorures des différentes bases pussent exercer des actions différentes sur le résultat définitif ; car si, employés en quantités équivalentes, ils devaient tous nécessairement former dans la feuille la même quantité de chlorure d'argent, et par suite donner les mêmes résultats, il pouvait se faire néanmoins que ceux-ci fussent modifiés, par le séjour dans le papier d'une certaine quantité de la base particulière au chlorure employé. L'expérience a démontré qu'il n'en était rien, et que les variations fournies par les différents chlorures, tenaient à des causes non point essentielles, mais purement accessoires.

Pour rendre cette étude aussi générale que possible, nous avons soumis à l'expérience un très-grand nombre de chlorures, ce sont ceux de sodium, potassium, ammonium, barium, strontium, nickel, fer, zinc, cadmium, mercure, or et platine, tous sels solubles, et donnant par double décomposition avec le nitrate d'argent, le précipité ordinaire de chlorure d'argent. Enfin des épreuves ont été préparées en remplaçant le chlorure par l'acide chlorhydrique seul. La suite de l'opération était la même que d'habitude : sensibilisation sur un bain d'argent à 12 pour 100 ; exposition à une même lumière, sous un même cliché, dans un même châssis ; fixage à l'hyposulfite neuf, etc.

Tout d'abord, en employant ces sels à l'état sous lequel les livre le commerce, nous avons pu observer des différences extrêmement notables, et qui justifiaient pleinement la préférence accordée par certains photographes à tel ou tel d'entre eux pour produire un effet déterminé. Les uns, en effet, donnaient des tons foncés, tirant vers le noir, d'autres des tons plus vifs tirant vers le pourpre, d'autres enfin des tons plus clairs, et s'approchant de la couleur bois. Mais les effets du même ordre n'étaient pas fournis par des sels appartenant à une même série, et, par suite, la cause de ces différences ne pouvait être immédiatement indiquée.

Parmi les nombreuses épreuves obtenues au moyen de ces différents réactifs, celle qui avait été préparée à l'acide chlorhydrique seul, se détachait avec un ton rouge clair d'une grande netteté, dont se rapprochait la coloration fournie sur les images par l'emploi de quelques chlorures. Ce fait nous a bientôt amené à penser que les différences que nous avions observées pouvaient bien ne pas être essentielles au réactif employé, mais tenir soit à son état de neutralité chimique, soit à une plus ou moins grande pureté.

Pour nous placer alors dans des circonstances d'une exactitude parfaite, nous avons ramené à un état de neutralité absolue les différents chlorures que nous avons énumérés plus haut, et préparé ensuite avec chacun d'eux des bains dont la richesse était déterminée par la loi des équivalents, de telle sorte que la quantité de nitrate d'argent précipitée à l'état de

chlorure pût être identique, et nous avons opéré avec ces
bains. Cette richesse était d'ailleurs équivalente à celle d'un
bain de sel à 5 pour 100. Les nombreuses différences que
nous avions précédemment observées ont alors entièrement
disparu ; toutes les épreuves se sont montrées avec un ton et
une vigueur sensiblement identiques ; deux seulement ont fait
une légère exception : celle préparée au chlorure de nickel était
un peu moins vigoureuse, comme si la rapidité avait été un
peu moindre, et enfin celle au chlorure d'ammonium présentait dans sa teinte rouge quelques-unes de ces teintes que l'on
rencontre chaque fois que l'ammoniaque est intervenue d'une
manière quelconque dans la préparation d'une épreuve positive. Inutile d'ajouter d'ailleurs que l'épreuve préparée à
l'acide chlorhydrique pur se détachait parmi toutes les autres
avec le même ton rouge et clair qu'elle avait montré tout
d'abord.

De cette expérience il résulte que tous les chlorures déga-
gés des diverses causes d'impureté qu'ils peuvent contenir
donnent sensiblement le même résultat, et qu'en se plaçant
dans des conditions d'une rigueur absolue, on ne leur trouve
plus ces propriétés particulières que quelques photographes
leur ont attribuées. Si l'on compare d'ailleurs entre eux les
résultats exposés ci-dessus, et particulièrement ceux fournis
par les chlorures neutres, et par l'acide chlorhydrique pur,
on est conduit à penser que les différences que nous avons
reconnues tout d'abord, ne tiennent qu'à l'état d'acidité ou
d'alcalinité de la substance.

Pour le vérifier, nous avons pris un chlorure quelconque,
celui de sodium par exemple, et après avoir préparé une solution de ce sel à 5 pour 100, nous en avons conservé un quart
à l'état de neutralité parfaite ; un deuxième a été additionné de
10 pour 100 d'acide chlorhydrique ; un troisième a été mélangé avec un grand excès de soude ; dans le dernier enfin on
a ajouté un excès d'ammoniaque ; puis, des feuilles ayant été
préparées de la même manière sur ces quatre bains, et le reste
de l'opération conduit comme d'habitude, une bande de chacune d'elles a été placée sous un même cliché. Le résultat a
présenté tout d'abord une netteté remarquable ; si l'on compare
en effet à l'épreuve fournie par le bain neutre celle provenant
de chacun des trois autres bains, on remarque d'abord que

des quatre épreuves celle qui s'est développée avec la plus grande rapidité dans le châssis est celle obtenue sur le bain ammoniacal, tandis que celles obtenues sur le bain acide et alcalin se sont formées beaucoup moins vite que l'épreuve préparée sur le bain neutre; en un mot, que la présence de l'ammoniaque active l'action exercée par la lumière, tandis que la présence d'un alcali fixe ou d'un acide la retarde. Quant à la coloration, l'épreuve du bain acide et celle du bain alcalin présentent toutes deux un ton du même ordre, plus rosé et plus clair à la fois que celui que possède l'épreuve du bain neutre; enfin l'image provenant du bain ammoniacal montre, dans les parties claires surtout, ces tons bois qui dérivent habituellement du fixage à l'ammoniaque; l'effet en est d'ailleurs peu marqué, par suite de la très-faible quantité d'ammoniaque restée dans la pâte.

En nous reportant maintenant à nos premiers essais, et examinant les chlorures qui à priori avaient donné des résultats si divers, il nous est facile de reconnaître par l'expérience directe que ceux-là qui ont fourni des tons roses et clairs offrent précisément des réactions acides ou alcalines au papier de tournesol, et dès lors nous nous trouvons en droit d'attribuer cette différence au motif que nous avons énoncé plus haut, et de nous résumer en disant que tous les chlorures chimiquement purs et neutres donnent, employés en proportion équivalente, des résultats identiques, mais que l'addition d'une quantité, même faible, d'acide ou d'alcali, en modifie l'effet en retardant l'action lumineuse, et fournissant des tons plus roses à la fois et moins vigoureux.

Il semble au premier abord difficile d'expliquer ces faits d'une manière satisfaisante; mais si l'on réfléchit à l'influence qu'exerce l'encollage sur la valeur définitive de l'épreuve (et les papiers dont nous avons fait usage étaient encollés à l'amidon), on peut leur trouver une raison d'être rationnelle. Les alcalis, en effet, et les acides exercent sur l'amidon, et par suite sur les feuilles qui en sont imprégnées, une action énergique, et l'on sait qu'en la prolongeant et lavant ensuite à l'eau, on peut enlever à celle-ci tout l'encollage qu'elle contient. Mais si l'on se contente de laisser la feuille encollée quelques minutes en contact avec la solution alcaline ou acide, on voit l'amidon se gonfler, se mettre en

empois, et venir en augmentant de volume s'étaler à la surface d'où l'on pourrait aisément le détacher par une pression
convenable. Dès lors, et nous reportant à ce que nous avons dit
au § *Encollage* sur les changements de couleurs que produit
celui-ci, n'est-il pas naturel de supposer que gonflé, ramené à la
surface par la solution alcaline ou acide, l'amidon se prête mieux
à cette combinaison avec un composé argentique, et parce qu'il
est plus perméable et parce qu'il se trouve à la surface en plus
grande quantité, et que par suite il doit fournir des tons qui,
dans une certaine mesure, diffèrent des tons de la feuille préparée sur un bain neutre, c'est-à-dire sans action sur l'encollage, comme diffèrent les tons de feuilles l'une encollée et
l'autre désencollée.

En terminant l'étude des divers chlorures que nous avons
examinés, nous noterons quelques particularités inhérentes à
l'emploi de certains d'entre eux.

Le perchlorure de fer, qui est toujours acide et donne par
suite des tons plus rouges, offre en outre cet inconvénient de
laisser dans la pâte une certaine quantité d'oxyde de fer qui
agit comme mordant et colore les clairs en leur donnant une
teinte jaunâtre.

Le chlorure d'or, traité ensuite par le nitrate d'argent, ne
donne aucune épreuve; l'or métallique en effet précipité dans
le fait de la double décomposition empêche complétement
l'action lumineuse.

Les feuilles préparées au chlorure de platine résistent très-
longtemps à la solarisation; six heures au moins sont nécessaires pour obtenir une impression suffisante, mais l'épreuve
fixée à l'hyposulfite se montre avec des tons verdâtres assez
satisfaisants et qui n'ont plus besoin de virage. Néanmoins la
lenteur d'impression donne à ce fait une simple valeur de
curiosité.

Celles au bichlorure de mercure sont également réfractaires
à l'action lumineuse; mais, de plus, elles présentent cette
réaction remarquable que, dans le bain d'hyposulfite de soude,
les blancs se voilent et toute l'épreuve prend une teinte générale grise et sourde.

En un mot, les chlorures, sauf les exceptions que nous venons
de mentionner, donnent les mêmes résultats lorsqu'ils sont
neutres, purs et employés à dose équivalente: ils fournissent

des épreuves de tons plus clairs et plus rouges, s'ils sont acides ou alcalins : mais quoique, dans certains cas, ces colorations puissent offrir quelque avantage, il vaudra toujours mieux employer le chlorure bien neutre pour éviter l'inconvénient d'un désencollage partiel de la feuille.

2°. *Des sels pouvant remplacer les chlorures.* — Le nombre des sels solubles que leur nature permet à priori de substituer aux chlorures, peut être très-considérable, surtout si l'on s'adresse aux sels à acides organiques; mais il nous a semblé que, sans embrasser tout cet ensemble et en expérimentant seulement sur les sels les plus répandus, il nous serait cependant possible d'arriver à quelque conclusion générale.

D'ailleurs deux classes de sels seulement ont été jusqu'ici proposées dans ce but : les chlorures dont nous venons d'examiner le rôle, et les phosphates sur l'emploi desquels M. Maxwell Lyte a basé un procédé de tirage et de fixage ingénieux et nouveau, mais qui n'a peut-être pas produit jusqu'ici les résultats qu'en avait espérés son auteur.

Les corps que nous avons soumis à nos essais sont les iodure, bromure, cyanure, phosphate, carbonate, sulfate, acétate, citrate, et enfin alcali libre, tous donnant avec le nitrate d'argent des composés peu ou point solubles.

Nous avons préparé des bains dans lesquels nous avons dissous une quantité de précipitant telle, que, par l'action du bain d'argent, une même quantité du métal fût toujours précipitée sur la feuille à l'état insoluble. Il nous a été facile, par les tables d'équivalents, de donner aux bains cette richesse déterminée.

Pour produire l'iodure, le bromure et le cyanure d'argent, nous avons placé les feuilles sur des bains renfermant les sels de potassium correspondants; pour les phosphate, carbonate, acétate et citrate, nous avons employé les sels de soude correspondants; pour le sulfate, nous avons pris l'alun, pensant que l'alumine qu'il renferme pouvait par elle-même exercer une action heureuse; enfin la potasse caustique nous a servi comme type d'alcali libre. Les feuilles une fois salées de cette façon ont été ensuite traitées comme d'habitude.

Les résultats obtenus dans ces diverses circonstances ont présenté les différences les plus marquées. Les feuilles, en effet, placées successivement dans le même châssis, sous le même cliché, se sont comportées de la manière suivante. Au bout de cinq minutes d'exposition, une feuille préparée au chlorure de sodium, et employée comme terme de comparaison, avait pris l'aspect accoutumé ; mais longtemps auparavant déjà, avec une étonnante rapidité, la feuille préparée au bromure avait donné une image ; celle-ci malheureusement ne présentait pas cette netteté, cette vigueur propres aux épreuves ordinaires ; elle était veule, grise et teintée d'une manière assez uniforme ; avec une rapidité à peu près égale à celle du chlorure, l'épreuve au phosphate d'argent avait aussi laissé paraître une image présentant, quoique à un moindre degré, les défauts que nous venons de signaler dans l'épreuve au bromure. L'épreuve à l'iodure d'argent suivait de près celle au phosphate, et pour la rapidité et pour les défauts. Celle au cyanure avait paru noircir partout d'une manière uniforme ; quant aux autres, elles ne manifestaient encore aucune trace d'impression. Au bout de quinze minutes, la feuille préparée à la potasse commençait à donner une image ; mais celle-ci, grâce à un désencollage partiel, était toute marbrée et couverte de grosses taches. La feuille préparée au carbonate donnait, au bout de vingt minutes, une image voilée et uniforme, analogue à celle fournie par la potasse. A ce moment, les feuilles à l'acétate et au citrate commençaient à laisser paraître une épreuve très-légère, mais possédant, pour l'un et l'autre sel, la même teinte sensiblement. Enfin, au bout de six heures seulement, celle préparée à l'alun, et qui renfermait alors du sulfate d'argent, commençait à donner une légère impression.

Ces faits d'insensibilité relative de certains sels d'argent même en présence d'un grand excès de nitrate libre, faits dont nous espérons pouvoir fournir l'explication, lorsque nous étudierons l'exposition à la lumière des composés argentiques, établissent d'une manière précise que les bromures possèdent au point de vue de la sensibilité une supériorité évidente sur les autres sels, sur les chlorures par exemple, mais qu'ils ne peuvent donner par eux-mêmes des épreuves aussi satisfaisantes que ceux-ci ; que pour la rapidité, les phosphates viennent après les chlorures, en présentant, mais à un moindre degré, les mêmes défauts que les bromures ; enfin que l'insensibilité relative des autres sels les rend inapplicables en photographie. De telle sorte que les chlorures, bromures et phosphates sont, en définitive, les seuls dont on puisse faire usage pour incorporer à la feuille de papier un composé argentique insoluble.

Mais ils ne peuvent pas être employés dans les mêmes conditions. Tandis que les chlorures en effet pourront et devront être dans les circonstances normales employés à l'état isolé, pour fournir de bonnes épreuves, les phosphates et surtout les bromures pourront entre des mains habiles devenir des tempéraments utiles pour obtenir des effets déterminés. Supposons en effet un cliché ne fournissant que des tons heurtés, des effets durs et de trop brusque opposition, nous pourrons, en ajoutant au bain de sel une certaine quantité de bromure, parer à cet inconvénient, la teinte uniforme donnée par ce dernier sel devenant une qualité, tandis qu'elle était un défaut lorsque le bromure était employé isolément. Grâce au bromure en effet, les blancs qui, avec le chlorure seul, étaient venus trop éclatants, se teinteront légèrement, tandis que les ombres, grâce au chlorure, conserveront toute leur vigueur, et que l'ensemble donnera en définitive un effet heureux.

En résumé, parmi tous les sels qu'on pourrait employer en photographie positive pour incorporer à la feuille de papier un sel d'argent insoluble, les chlorures sont toujours ceux qui donnent les résultats les meilleurs; l'addition d'une certaine quantité de bromure ou de phosphate peut dans des circonstances données, que nous croyons avoir suffisamment précisées, donner des effets heureux. Mais nous ne pensons pas que ni l'une ni l'autre de ces deux dernières classes de sel, employées isolément, puissent donner des résultats équivalents à ceux que fournissent les chlorures.

A ce point de vue, il nous a paru intéressant de comparer plus à fond les effets fournis par les feuilles chlorurées et celles phosphatées. Dans ce but, nous avons placé sous un même cliché une feuille coupée par moitié, l'une préparée au chlorure, l'autre au phosphate, l'une et l'autre ont été ensuite fixées à l'hyposulfite de soude neuf. L'épreuve au phosphate était moins vigoureuse, plus terne, plus veule en un mot que celle au chlorure. Pour nous placer dans les mêmes conditions que M. Maxwell Lyte, nous avons exécuté des épreuves en employant sa formule exacte, et son procédé de fixage à l'acide phosphorique, et dans ces circonstances, nous devons le dire, le procédé a toujours donné, entre nos mains du moins, des épreuves inférieures comme vigueur et comme éclat à celles fournies par les feuilles chlorurées.

CHAPITRE III.

DE LA SENSIBILISATION.

L'opération que l'on désigne sous ce nom a pour but de déposer sur les fibres du papier un composé argentique susceptible de s'influencer ensuite sous les radiations solaires, de manière à constituer l'épreuve photographique. Elle s'effectue généralement en posant la feuille sur une solution de nitrate d'argent dont l'opérateur fait beaucoup varier la richesse, la composition même, soit intentionnellement, soit accidentellement.

Dans cette opération, si l'on emploie, comme c'est le cas le plus habituel, des feuilles imprégnées d'un chlorure alcalin, l'action du sel d'argent est double ; une partie en effet se transforme à son contact en combinaison argentique insoluble, tandis qu'une autre s'imbibe dans le papier poreux en restant à l'état d'azotate soluble : l'une et l'autre, semble-t-il probable, ne jouent pas d'ailleurs le même rôle.

De ce simple énoncé résultent, on le voit, plusieurs points à examiner : les uns devront se rapporter à l'action du bain tel qu'on l'a préparé, les autres à l'état du bain après que sa composition a été modifiée par la préparation des feuilles, soit au point de vue de la neutralité, soit au point de vue des matières étrangères minérales ou organiques qu'elle y introduit.

1°. La richesse du bain d'argent peut exercer une influence directe sur l'obtention et la valeur de l'épreuve ; en outre, chaque feuille préparée sur le bain l'appauvrissant dans une certaine mesure, il y a un grand intérêt à déterminer cet appauvrissement et l'action qu'il exerce sur le résultat final.

2°. L'épreuve peut être abandonnée un temps variable sur le bain d'argent, et ces variations peuvent causer des différences dans la production des épreuves.

3°. Les opérations photographiques amènent dans l'état du bain des changements importants. Celui-ci peut devenir ou acide, ou neutre, ou être modifié par un alcali; un cas particulier est celui où le bain devient ammoniacal. En outre, et se plaçant au point de vue de la neutralité du bain, il est utile de rechercher l'influence que peut exercer le nitrate d'argent, suivant qu'on l'emploie cristallisé, fondu blanc, ou fondu gris.

4°. Les doubles décompositions successives qui ont lieu au contact des feuilles salées viennent ajouter au bain d'argent divers nitrates dont la base est empruntée aux chlorures employés pour saler le papier, et ces divers nitrates peuvent peut-être dans certains cas influencer le résultat définitif.

5°. Les différentes matières organiques employées pour l'encollage du papier venant à se dissoudre partiellement dans le bain de nitrate d'argent peuvent en altérer la pureté.

6°. Enfin, comme corollaire général de tout ce qui précède, il est important d'examiner quelle est l'influence des différentes circonstances que nous venons d'énoncer sur la conservation ou l'altération des feuilles sensibilisées.

§ Ier. — *Influence de la richesse du bain.*

Si l'on prend une feuille de papier salé à 5 pour 100, qu'on la divise en quatre, et si après avoir laissé, pendant le même temps (cinq minutes), le premier quart sur un bain d'argent à 24 pour 100, le second à 18 pour 100, le troisième à 12 pour 100 et le dernier à 6 pour 100, on les porte tous quatre (secs bien entendu) sous un même cliché, on n'observe qu'une faible différence dans la rapidité avec laquelle s'impressionnent les uns et les autres. On peut remarquer cependant que les feuilles les moins riches se colorent le plus vite. Mais si on les enlève du châssis lorsqu'on juge l'insolation suffisante, et si, après les avoir lavées à l'eau, on les fixe dans un bain d'hyposulfite de soude neuf, on reconnaît dans leur aspect des différences très-sensibles, saillantes surtout pendant que les épreuves séjournent dans l'eau. Le résultat est d'ailleurs sensiblement le même, qu'on ait employé des papiers albuminés ou non; peut-être cependant est-il moins marqué dans le premier cas.

Ces différences sont de deux sortes, elles affectent la netteté et la couleur de l'épreuve. Pour nous placer tout de suite dans des conditions extrêmes qui les fassent mieux ressortir, nous comparerons l'épreuve provenant du bain à 6 p. 100 et celle provenant du bain à 24 pour 100. La première est terne, d'une teinte presque uniforme, revêtue de tons plus rouges; la seconde au contraire est plus nette, plus fraîche, les blancs y sont bien réservés et les noirs accusés franchement. Entre ces deux extrêmes, on voit le ton rouge diminuer, et la netteté augmenter par une marche régulière au fur et à mesure qu'augmente la richesse du bain d'argent; c'est ainsi que l'épreuve préparée sur le bain à 18 pour 100 est supérieure à celle préparée sur le bain à 12 pour 100, et ainsi de suite (1).

Ces résultats d'ailleurs ne tiennent pas à une différence d'énergie dans la faculté photogénique; car si on laisse chaque feuille dans le châssis pendant un temps inversement proportionnel à sa richesse en argent, on voit les mêmes différences se maintenir, et se présenter même avec plus d'énergie.

Ainsi donc la richesse du bain exerce une influence bien marquée : lorsqu'elle augmente, elle améliore l'épreuve, jusqu'à une certaine limite, en précisant ses contours avec plus de netteté, tandis qu'en diminuant, elle égalise les tons en même temps qu'elle amène une coloration rouge prononcée. Ce sont là deux résultats distincts que nous examinerons l'un après l'autre en cherchant à en préciser les causes. Occupons-nous d'abord du motif qui amène la netteté et la vigueur.

L'analyse chimique va, dans ce cas encore, venir à notre aide, et nous donner la clef de ce phénomène. Si, en effet, nous préparons une feuille salée à 5 pour 100, et si, après l'avoir coupée en trois parties, nous posons l'une sur un bain de nitrate d'argent à 8 pour 100, l'autre sur un bain à 12 p. 100 et la dernière sur un bain à 18 pour 100, nous voyons d'abord se vérifier sur ces trois parties, amenées à l'état d'épreuves, les phénomènes de netteté et de coloration que nous venons d'énoncer. Si, pour éclairer ceux-ci, nous cherchons quelle est la quantité d'argent fixée par des feuilles préparées dans ces conditions, nous voyons que, pour un papier déterminé (2),

---

(1) La différence entre l'épreuve provenant du bain à 18 pour 100 et celle du bain à 24 pour 100, très-sensible au sortir du châssis, disparait en partie sous l'action de l'hyposulfite; d'un autre côté, les épreuves à 12 pour 100 sont encore un peu veules : le meilleur dosage serait donc, suivant nous, celui d'un bain à 15 pour 100.

(2) Nous croyons devoir rappeler qu'un bain d'une richesse déterminée peut

chaque feuille préparée sur le bain :

à 18 pour 100 renferme 0,876 d'argent métallique,
à 12 pour 100 renferme 0,633 d'argent métallique,
à 8 pour 100 renferme 0,467 d'argent métallique.

D'où il résulte que l'épreuve est d'autant plus nette et plus vigoureuse, qu'elle renferme plus d'argent.

Or, si nous réfléchissons que les trois feuilles ont été salées d'une manière identique, que chacune d'elles par conséquent renfermait la même quantité de chlorure de sodium, que celui-ci ne peut exister libre en présence d'un excès de nitrate d'argent, et que par suite chacune d'elles renferme la même quantité de chlorure d'argent, il sera naturel de conclure que les différences de richesse en argent que nous venons de constater sont dues à des différences dans la quantité de nitrate en excès. Comme d'ailleurs parmi les conditions de l'opération celle-ci est la seule qui ait varié, il semblera encore naturel de lui imputer les différences observées dans le résultat.

Il est facile, en exagérant les circonstances, de vérifier l'influence exercée sur la valeur d'une épreuve par un excès de nitrate d'argent. Qu'on prenne une feuille et qu'après l'avoir salée et sensibilisée à la manière ordinaire, on la divise en deux, qu'on lave une des moitiés à plusieurs reprises à l'eau distillée, de manière à lui enlever tout l'excès de nitrate d'argent libre, tandis qu'on laisse l'autre telle qu'elle avait été préparée ; qu'on place ensuite les deux moitiés sous un même cliché, et tout d'abord on observera de grandes différences. La première moitié qui ne renferme plus que du chlorure d'argent, s'impressionnera plus vite que la deuxième, elle atteindra rapidement une teinte gris-violacé ; mais une fois ce point atteint, elle ne le dépassera plus, et l'épreuve sera en somme terne, uniforme et sans couleur. Pendant ce temps, la deuxième aura été plus lente à se mettre en mouvement ; mais une fois celui-ci déclaré, il aura marché avec assez de rapidité : les noirs auront monté de ton, tandis que les blancs

---

donner des résultats différents avec des papiers de porosité différents, *l'absorption du sel étant proportionnelle à la porosité*, comme nous l'avons établi précédemment.

seront restés bien en réserve ; on aura enfin une épreuve ordinaire.

L'influence exercée par le nitrate d'argent libre est donc évidente ; mais après avoir démontré son existence, établi son rôle, un point important reste à éclaircir, c'est précisément l'explication de ce rôle. Pour y parvenir nous nous baserons sur deux points.

1°. La présence du nitrate d'argent libre diminue la sensibilité du chlorure. C'est là un fait que nous avons reconnu par expérience et que chacun peut aisément vérifier, en précipitant dans deux verres une certaine quantité de solution salée par un excès de nitrate d'argent, lavant l'un des précipités par décantation, et les exposant tous deux à la lumière solaire, l'un ne contenant alors que du chlorure en suspension dans l'eau, l'autre contenant du chlorure en suspension dans une solution de nitrate. On pourra reconnaître alors que le premier se colore plus rapidement que le second.

2°. Lorsqu'une feuille de papier imprégnée d'une couche de chlorure d'argent mélangé de nitrate libre est exposée à la lumière, le chlorure placé à sa surface noircit d'abord par réduction, mais cette réaction chimique met en liberté une certaine quantité de chlore ; celui-ci attaque le nitrate qui le touche, forme de nouveau chlorure qui noircit et se réduit à son tour, remettant en liberté une autre quantité de chlore, de telle sorte que, par plans successifs, une série de couches de chlorure d'argent se reforment, et que c'est à la réduction continue de ces couches successives qu'est due, en partie du moins, une plus grande intensité de coloration.

En outre, pour les papiers albuminés surtout, une combinaison intervient entre le nitrate en excès et la matière organique ; pour l'albumine elle est insoluble, chacun le sait, et si jusqu'ici l'on n'a pas tenu suffisamment compte de ce fait, il n'en exerce pas moins une influence énorme dans le résultat photographique, influence sur laquelle nous reviendrons bientôt.

Cette théorie, que nous avons lieu de croire exacte, et dont nous nous contentons de produire aujourd'hui l'énoncé, nous réservant de la reprendre et d'en fournir les preuves, lorsque dans le prochain chapitre nous nous occuperons de l'insolation, cette théorie, disons-nous, va, jointe à la première obser-

3.

vation que nous avons citée, nous servir à expliquer l'action du nitrate d'argent en excès.

En effet, puisque le chlorure d'argent est plus impressionnable lorsqu'il est isolé, on conçoit que sa réduction s'opère plus vite, on conçoit encore qu'une lumière même très-faible suffise à l'attaquer et que par suite les blancs se teintent; lorsque la coloration est arrivée à un certain point, la surface est revêtue d'une couche colorée que la lumière a peine à traverser; sans cela l'épreuve monterait de ton, partout également à la vérité, mais néanmoins monterait de ton. Chaque jour dans les laboratoires on vérifie ce fait; lorsqu'on abandonne à la lumière un précipité assez abondant de chlorure d'argent, sa surface se colore par réduction; mais quelque prolongée que soit l'action, il suffit d'enlever une couche très-mince pour trouver la partie sous-jacente parfaitement blanche et intacte.

Lorsque le nitrate est mélangé au chlorure, l'effet des rayons n'est plus le même. Le premier de ces sels en effet retarde tout d'abord l'action sur le second, ce qui explique le retard dans la venue de l'épreuve; mais, à côté du chlorure qui se réduit, il s'en forme immédiatement une nouvelle quantité que la lumière peut atteindre, parce qu'auparavant, à l'état de nitrate, il occupait une place propre et que par suite, maintenant à l'état de chlorure, il n'est pas encore recouvert par une couche d'argent réduit : de là, dans une épaisseur donnée, une plus grande quantité de chlorure d'argent, par suite d'argent réduit, et par suite une plus grande intensité.

En outre, pour les papiers albuminés une autre cause intervient : l'albuminate de nitrate d'argent, qui possède, lui aussi, la propriété de s'impressionner sous l'action lumineuse, apporte à l'ensemble la vigueur et la coloration qui le caractérisent.

Ce n'est pas à dire pour cela qu'une feuille de papier imprégnée de nitrate d'argent seul, une feuille albuminée surtout, ne puisse donner une épreuve. Nous nous occuperons au contraire de ce fait lorsque nous développerons la théorie de l'insolation.

Ce premier point établi, occupons-nous de la coloration rouge que les épreuves présentent avec d'autant plus d'intensité, qu'elles renferment moins d'argent. Nos recherches pré-

cédentes sur l'action des encollages vont nous servir à expliquer ce fait.

Nous avons établi que plus l'encollage était abondant, proportionnellement à une quantité d'argent, plus l'épreuve était
rouge. Or ces deux éléments, argent et encollage, étant mis
en présence, qu'on augmente l'encollage ou qu'on diminue
l'argent, le résultat sera évidemment le même. Nous avions
sur notre première feuille une certaine quantité d'encollage,
plus $0^{gr},467$ d'argent ; sur la troisième, nous avions la même
quantité d'encollage, plus $0^{gr},876$ d'argent, presque le double.
Dans la première, qu'est-il arrivé? La plus grande partie de
l'argent s'est combinée à l'encollage, et par suite l'épreuve a
revêtu le ton que nous connaissons ; dans la troisième, au contraire, l'argent étant en trop grande abondance pour que l'encollage présent pût satisfaire à la combinaison, il en est résulté
une certaine quantité non combinée qui a communiqué à
l'ensemble un peu de la teinte noire qui caractérise les
épreuves obtenues sur papier sans colle.

Rappelons ici que ces résultats concordent avec ce que nous
avons établi déjà pour la variation dans les quantités de chlorure. Nous avons démontré, en effet, que pour un papier
donné, moins il y avait de chlorure (dans une certaine limite),
plus l'épreuve était rouge, et que lorsque la proportion aug-
mentait, l'épreuve était plus colorée, mais quittait les tons
rouges pour revêtir des tons noirs et opaques. Or, plus une
feuille est riche en sel, plus elle devient riche en chlorure
d'argent par la sensibilisation.

Ainsi, dans ce cas encore, on ne peut conseiller tel dosage
plutôt que tel autre, on ne peut qu'indiquer une moyenne,
soit 15 pour 100 ; mais on peut préciser d'une manière absolue
le rôle qu'exercera une richesse plus ou moins grande du bain
d'argent. C'est au photographe à varier suivant ses besoins
cette richesse, puisqu'il sait d'avance le résultat qu'il doit
obtenir. Pour les clichés doux, donnant habituellement des
positives voilées, le bain doit être plus concentré ; pour les
clichés fournissant des oppositions vives, il devra être plus
faible au contraire. C'est une sorte de palette photographique
mise entre les mains de l'artiste : à lui de savoir en utiliser les
tons d'après les exigences de son cliché.

Les résultats que nous venons d'énoncer se maintiendraient

d'une manière constante si le bain d'argent préparé dans des conditions données se maintenait lui-même avec une richesse constante. Mais tous les photographes savent avec quelle rapidité décroissent de valeur les feuilles préparées successivement sur un même bain, et tous ont prévu que ce décroissement rapide tenait en grande partie au moins à une diminution de cette richesse.

L'analyse confirme pleinement cette manière de voir et montre qu'en préparant sur un même bain un nombre de feuilles même limité, on lui enlève non pas une quantité d'argent proportionnelle à celle du liquide disparu, mais une quantité beaucoup plus considérable.

Lorsqu'une feuille est posée sur le bain, le nitrate que contient celui-ci se trouve en présence de trois éléments distincts : la fibre du papier lui-même, le sel qu'on y a précédemment introduit et l'encollage dont elle est revêtue. Examinons successivement l'influence de chacun de ces éléments, et disons d'abord que les résultats que nous allons énoncer, généraux dans leur principe, *l'appauvrissement du bain,* deviennent variables dans leurs proportions relatives suivant la nature des produits employés et ne peuvent, par suite, être exprimés en valeur absolue.

Dans tous les essais qui vont suivre et pour nous placer dans un cas aussi général que possible, nous avons employé des feuilles de papier appartenant à la même fabrication (1). Nous avons reconnu tout d'abord, en examinant, avant et après le contact du papier, un bain à 15 pour 100 formé de 100 centimètres cubes seulement qu'une de ces feuilles salées et albuminées mesurant 44×57 lui enlevait 8 centimètres cubes de liquide en moyenne et $3^{gr},76$ d'azotate d'argent. Or, d'après le titre du bain, ces 8 centimètres cubes devraient contenir seulement $1^{gr},20$ d'azotate; donc $3^{gr},76 - 1^{gr},20 = 2^{gr},56$ ont été enlevés à la quantité de liquide restant, et celle-ci, précédemment formée de 100 centimètres cubes d'eau et 15 grammes d'argent, ne se trouve plus formée que de 92 centimètres cubes d'eau et $11^{gr},24$ d'azotate, ou, en d'autres termes,

----

(1) Il est évident en effet que des papiers de texture, de porosité différentes doivent amener des résultats différents.

sa richesse est descendue de 15 p. 100 à $\dfrac{11,24 \times 100}{92} = 12,2$ pour 100.

L'appauvrissement du bain, son appauvrissement rapide est donc manifeste, puisqu'une seule feuille d'un papier ordinaire suffit pour en abaisser 100 centimètres cubes de 15 à 12,2 pour 100.

Cherchons maintenant auquel des éléments en présence peut être attribué cet appauvrissement.

Lorsqu'on prend une feuille sans aucune préparation, qu'on la passe à l'azotate d'argent, qu'ensuite on la lave plusieurs fois à l'eau distillée, et qu'enfin on l'expose en plein soleil, elle n'offre qu'une coloration très-faible ; d'ailleurs le bain d'argent, si l'on prend son titre avant et après, n'a pas varié d'une façon appréciable : d'où nous pouvons conclure que le papier lui-même est sans influence et qu'il n'enlève au bain que le nitrate d'argent correspondant au liquide qu'il absorbe.

Il n'en est pas de même de l'albumine. Prenons en effet une feuille préparée avec cette substance pure, sans addition de chlorure soluble, passons-la sur le bain d'azotate d'argent, puis, après l'avoir lavée un grand nombre de fois à l'eau distillée, exposons-la sous un cliché, et nous verrons se produire une épreuve très-nette et très-vigoureuse. Titrons ensuite ce bain d'argent avant et après le passage de la feuille, et nous verrons que 100 centimètres cubes de ce bain à 15 pour 100 ont été abaissés à 13,9. La quantité de liquide absorbée a été de 8 centimètres cubes qui devaient contenir $1^{gr},20$ d'azotate d'argent. Or l'abaissement du titre nous montre que $2^{gr},65$ ont été enlevés au bain, donc il est resté combiné avec l'albumine $2^{gr},65 - 1^{gr},20 = 1^{gr},45$ d'azotate d'argent. Ce fait, dont nous venons de signaler il y a peu d'instants l'importance, sera de notre part l'objet de considérations nouvelles lorsque nous l'appellerons à notre aide dans la théorie de l'insolation. Mais dès à présent il reste acquis, par suite de nos analyses, que l'albumine enlève au bain une forte quantité de nitrate avec laquelle elle se combine.

La gélatine et l'amidon ne nous conduisent pas à des résultats semblables; on sait en effet que ni l'une ni l'autre ne donnent avec le nitrate d'argent de combinaison insoluble, et si.

comme cela n'est pas douteux, l'une et l'autre influent sur la valeur et la coloration de l'épreuve, c'est par des combinaisons qui se forment ou à la longue ou sous l'influence lumineuse, et qui en tout cas n'affectent jamais le bain de nitrate dans ses proportions.

Il nous reste maintenant à examiner le rôle du chlorure au point de vue qui nous occupe. L'expérience faite sur papier simplement salé à 5 pour 100, sans encollage additionnel et conduite comme il a été dit ci-dessus, donne ce résultat : qu'une feuille de 44×57 mise en contact avec un bain mesurant 180 centimètres cubes, et titrant 12,82 pour 100, lui a enlevé $3^{gr},10$ d'argent, en même temps que 10 centimètres cubes de liquide (le papier n'étant pas albuminé a dû par une plus grande porosité absorber plus de liquide). Ces 10 centimètres cubes correspondent à $1^{gr},28$ d'azotate d'argent, donc $3^{gr},10 - 1^{gr},28 = 1^{gr},82$ ont été absorbés par la feuille à l'état de chlorure d'argent. La différence, on le voit, est ici beaucoup plus faible que lorsque la feuille est à la fois salée et albuminée ; elle est sensiblement égale et plutôt supérieure à celle que produit l'albumine seule.

Ainsi donc le chlorure, l'albumine concourent à l'appauvrissement du bain par suite de la formation de deux combinaisons insolubles, et la porosité du papier à sa diminution. On peut même dire d'une manière générale qu'une feuille simplement salée baissant le titre d'une certaine quantité (environ par feuille et par 100 centimètres cubes, $1^{gr},5$ pour 100 centimètres cubes de bain à 15 pour 100), une feuille salée albuminée l'abaissera du double. Les deux premières causes doivent seules préoccuper le photographe, car elles changent la richesse du bain et par suite les résultats ; et comme, ainsi que nous le disions en commençant, on ne peut préciser d'une manière absolue la règle de cet appauvrissement, mais simplement le sens suivant lequel elle s'opère, nous ne saurions trop inviter les photographes à s'exercer à cette opération du titrage des bains, que l'un de nous a su rendre si facile, et qui seule peut le mettre à l'abri des causes d'erreur que nous venons de signaler.

§ II. — *Du temps de pose sur le bain d'argent.*

Nous avons dû chercher quelle influence pouvait avoir le temps d'application de la feuille sur le bain de nitrate, celui-ci pouvant, suivant sa plus ou moins longue durée, permettre à la feuille de s'imbiber plus ou moins. Il paraissait évident à priori que l'absorption de nitrate d'argent libre serait d'autant plus grande, que le temps de l'application serait plus prolongé, et que par suite on rentrerait dans le cas d'une richesse plus ou moins grande du bain : c'est ce que l'expérience a confirmé.

Une minute d'application ne suffit pas ; c'est à peine si dans ce temps tout le chlorure soluble peut être transformé en chlorure d'argent : de là insensibilité relative, marbrures et taches dans le dessin. Cinq minutes donnent un fort bon résultat ; quinze fournissent une épreuve tirant un peu plus sur le noir que la précédente. Nous rentrons donc ainsi dans le cas précédent, et il est établi qu'un séjour plus prolongé de la feuille sur le bain correspond à une augmentation de richesse sur la feuille, et par conséquent à une augmentation de netteté dans l'épreuve, jusqu'à une certaine limite bien entendue. On doit considérer cinq minutes comme constituant le temps normal, et si pour modifier les épreuves fournies par par un cliché, l'opérateur veut changer la richesse de l'épreuve par un séjour plus ou moins long sur le bain plutôt que par l'emploi de bains à richesse variable, c'est autour de cet espace de temps que l'on devra osciller.

§ III. — *De l'état de neutralité du bain.*

Les bains de nitrate d'argent employés en photographie peuvent affecter au point de vue de la neutralité trois états différents : neutres, acides ou alcalins par l'ammoniaque. Quant aux autres bases alcalines, elles ne peuvent que ramener le bain à une neutralité parfaite, sans pouvoir, à cause de la précipitation de l'oxyde d'argent, leur communiquer une alcalinité appréciable pour les épreuves positives.

Si nous prenons comme type une épreuve préparée sur un bain de nitrate parfaitement neutre, et si nous lui en comparons une autre préparée sur le même bain auquel nous aurons ajouté 1 pour 100 d'acide azotique, c'est-à-dire un grand excès, nous reconnaissons une différence importante ; la seconde est plus rouge, les clairs y sont plus réservés, tandis que dans la première le ton est plus noir et les blancs semblent avoir une plus grande tendance à se teinter.

Ce résultat concorde avec ceux que nous avons observés déjà par l'emploi des chlorures acides, neutres ou alcalins ; l'explication est la même dans les deux cas, et repose sur l'influence exercée par les liqueurs acides sur l'encollage qu'elles rendent ainsi plus apte à la combinaison et par suite à la production des tons rouges (1).

Le bain de nitrate d'argent ammoniacal devait être de notre part l'objet d'une étude spéciale, et il était utile de préciser les conditions de son emploi. Il doit être préparé de telle sorte, qu'il ne contienne que juste la quantité d'ammoniaque nécessaire pour redissoudre l'oxyde d'argent que cet alcali a précipité tout d'abord (on reconnaît qu'on est parvenu à ce point lorsqu'une goutte de chlorure soluble ajoutée à la liqueur donne un précipité qui ne se redissout plus). Si, en effet, on ajontait un grand excès d'ammoniaque, le bain dissoudrait le chlorure d'argent au fur et à mesure qu'il se formerait sur la feuille au contact du chlorure de sodium, et celle-ci ne se trouvant dès lors revêtue que d'une très-faible quantité de composés argentiques, ne donnerait qu'une épreuve grise et détestable. C'est ce que l'expérience nous a permis de vérifier.

Préparé dans de bonnes conditions, le bain ammoniacal fournit les résultats suivants sur une feuille que l'on s'est contenté de poser à la surface deux ou trois secondes, pour éviter le désencollage. L'épreuve, comparée à celle préparée sur un bain neutre, se développe à peu près dans le même temps, les tons restent noirs, mais sans présenter aucune supériorité sur ceux obtenus par les procédés ordinaires.

Il est d'ailleurs facile de constater l'influence de l'ammoniaque en excès. Si l'on passe, en effet, sur un bain ammoniacal une feuille de papier, en ne l'y laissant que quelques secondes, elle fournit une épreuve telle que nous venons de la définir ; mais si l'on prolonge le contact, de façon à permettre à l'ammoniaque d'agir sur l'amidon, de le gonfler, le résultat est tout différent, et la feuille entière apparaît teintée légère-

---

(1) Voir page 25.

ment en rouge, en même temps que le dessin dépouille toute vigueur et toute netteté.

Ainsi l'action d'un bain acide ou ammoniacal se trouve bien précisée, mais néanmoins, sauf quelques cas particuliers dont le photographe sera juge, il paraît plus sage d'employer toujours des bains de nitrate d'argent sensiblement neutres.

L'azotate d'argent, tel que le livre le commerce, se présente sous trois états: il est cristallisé, ou fondu blanc, ou fondu gris, c'est-à-dire jusqu'à commencement de réduction. Nous avons fait quelques essais dans le but d'établir si certaines différences dans le résultat pouvaient être dues à l'emploi de l'un ou de l'autre. Nous n'en avons observé aucune de saillante, surtout entre les deux derniers ; seul le bain préparé avec le nitrate cristallisé a donné des tons un peu plus rouges, résultat facile à expliquer d'après nos observations précédentes, puisque le nitrate d'argent cristallisé renferme toujours des traces d'acide azotique, et que, par suite, nous rentrons ainsi dans le premier cas que nous venons d'examiner sur l'état de neutralité du bain.

Mais cette différence est si peu sensible, que le nitrate d'argent cristallisé dans l'eau, et non dans l'acide nitrique, peut être employé avantageusement pour toute la photographie positive.

§ IV. — *De l'introduction de sels étrangers dans le bain d'azotate d'argent.*

Les sels étrangers que les manipulations photographiques peuvent introduire dans le bain d'argent sont de deux espèces : l'une provient de la double décomposition qui s'opère entre le chlorure dont la feuille est imprégnée, et le bain d'argent sur lequel on la place; la seconde, de la pâte du papier ou de l'encollage qui la recouvre.

1°. La formation du chlorure d'argent dans la pâte même du papier au contact du bain d'acétate d'argent entraîne nécessairement la production équivalente d'un nitrate dont la base est celle du chlorure employé pour saler le papier. Ainsi, lorsqu'une feuille imprégnée de sel marin est placée sur le bain d'argent, une certaine quantité d'azotate de soude prend naissance; a-t-on agi avec le sel ammoniac, il s'est formé de l'azotate d'ammoniaque.

Il était intéressant de rechercher d'abord si les nitrates ainsi formés restent sur la feuille de papier qui les retient par capillarité, ou s'ils se dissolvent dans le bain d'argent; et dans l'un comme dans l'autre cas, il était important d'établir l'influence exercée par ces corps sur la venue d'une épreuve.

L'expérience nous a démontré que la majeure partie de ces nitrates restait sur la feuille de papier, car en prenant un bain qui, fréquemment renforcé en nitrate d'argent, avait servi à préparer un très-grand nombre d'épreuves, et le soumettant à l'analyse, nous n'y avons trouvé après séparation de l'argent que 1 pour 100 environ de sels étrangers, ces sels d'ailleurs offraient tous les caractères des nitrates. La proportion en aurait dû être beaucoup plus considérable, si, dans les nombreuses opérations auxquelles il avait servi, la majeure partie des nitrates alcalins n'était restée sur la feuille.

Du reste, les dernières épreuves préparées sur ce bain, qui, par des additions successives de nitrate, avait été maintenu à un titre constant, ne présentaient aucune différence avec les premières.

Nous avons cru devoir chercher cependant si en exagérant ces quantités de nitrate l'épreuve ne pourrait pas être influencée, et nous avons reconnu qu'en forçant ces proportions, en ajoutant jusqu'à 10 pour 100 de nitrates d'ammoniaque et de soude, celui-ci étant cristallisé ou fondu, on obtenait sur les épreuves des différences notables; la présence de ces grandes quantités de nitrate rend les épreuves moins vigoureuses, et leur fait prendre une teinte plus blafarde. L'effet est marqué surtout avec l'azotate de soude fondu, résultat facile à interpréter par l'alcalinité que ce sel possède après sa fusion.

En somme, et comme il parait impossible que dans les circonstances ordinaires de la photographie, un bain d'azotate d'argent se charge en aussi grande quantité d'azotate alcalin, on pourra toujours renforcer un bain d'argent, sans craindre que la proportion des azotates étrangers s'élève assez pour altérer la valeur des épreuves.

2°. Les sels que peut renfermer la pâte du papier lui-même s'y rencontrent toujours en proportions trop insignifiantes pour qu'on puisse supposer qu'en se dissolvant dans le bain ils soient capables d'exercer une action notable. Mais il était important d'examiner si l'alun que renferment les gélatines employées pour l'encollage se trouvait d'une aussi grande innocuité.

L'expérience nous a montré qu'il en était réellement ainsi, et que soit en imprégnant d'alun le papier lui-même, soit en ajoutant une certaine proportion de ce sel au bain, aucune différence ne se manifestait sur les épreuves entre celles préparées dans ces conditions et celles préparées dans des conditions normales.

§ V. — *Des substances organiques dissoutes dans le bain.*

Il est certain à priori que toute feuille de papier posée sur le bain d'azotate d'argent lui abandonne, par voie de dissolution, une portion de l'encollage, soit de fabrication, soit additionnel, qui la recouvre, les effets en ont été bien observés déjà; aussi nous ne ferons ici que rappeler des faits connus de chaque photographe.

L'amidon venant s'ajouter au bain d'argent, dans les faibles proportions que comportent les actions photographiques, ne produit aucun effet ni sur le bain ni sur les épreuves; mais il n'en est pas de même des deux autres substances employées pour l'encollage; l'albumine et la gélatine.

L'encollage de fabrication à la gélatine, en se dissolvant même en minime quantité dans le bain, lui communique la propriété de se troubler et de brunir au bout de quelques heures. Si en outre on a ajouté un encollage additionnel de gélatine dans la préparation du papier, cette action est beaucoup plus énergique. Le bain d'argent en dissout une proportion assez considérable, et se colore bientôt; au contact de l'air atmosphérique, sur une large surface comme celle d'une cuvette, la même réaction s'effectue, une combinaison insoluble et colorée se précipite, nageant d'abord à la surface, et les feuilles que l'on prépare sur un semblable bain se couvrent de larges marbrures en même temps qu'elles sont rapidement teintées sur toute leur surface. L'albumine, dont on se sert journellement en photographie comme encollage additionnel, possède aussi la propriété de brunir le bain et de l'altérer, surtout si le titre du bain est un peu bas ou la température un peu élevée. Dans ces deux cas, il devient nécessaire de décolorer le bain. Deux procédés ont été proposés pour effectuer cette décoloration; ils sont basés sur l'emploi du noir animal ou du kaolin. Nous en ajouterons un troisième dont nous avons découvert l'efficacité et qui est basé sur la précipitation du chlorure d'argent.

1°. *Noir animal.* — Ce procédé, qui devait venir le premier à l'esprit, est cependant le plus mauvais. Le noir animal en effet, soit pur, soit lavé, possède la propriété de faire baisser rapidement le titre du bain. Ainsi 2 grammes de noir lavé (du commerce) ont pris à un bain $1^{gr},2$ d'azotate d'argent. Cette énorme perte, qui égale plus de moitié du poids du noir employé, est due sans aucun doute aux chlorures ou à l'acide chlorhydrique retenu par le noir après le lavage avec cet acide.

Si on prend du noir non lavé, la perte est moins considérable, elle n'est que du quart du noir employé, et doit être considérée comme due à la chaux libre que le noir renferme après sa calcination, chaux qui précipite de l'oxyde d'argent sur le noir.

Dans tous les cas, le noir doit donc être rejeté. Comme question subsidiaire, nous avons cherché si le bain décoloré par le noir avait, ainsi que l'ont prétendu plusieurs auteurs, une influence dissolvante sur l'albumine. Nous ne l'avons nullement trouvée pour les papiers positifs. Toutefois il paraît que cette influence est sensible pour les épreuves négatives. Elle peut alors s'expliquer par ceci, que plus un bain est faible en azotate d'argent, autrement dit plus il est aqueux, plus il est par suite susceptible de dissoudre de l'albumine; or, après la décoloration par le noir, le bain a, comme nous venons de le voir, fortement baissé de titre, donc il est plus apte à attaquer la couche si mince des épreuves albuminées sur glace.

2°. *Kaolin.* — Le kaolin est de beaucoup préférable au noir animal, le titre du bain reste exactement le même avant et après son emploi. La meilleure manière de décolorer le bain avec cet agent n'est pas d'en mettre une grande quantité qu'on laisse dans le flacon. Ses propriétés décolorantes sont alors rapidement annulées; il faut l'ajouter au bain coloré par petites doses successives, après avoir eu le soin de le pulvériser finement.

3°. *Chlorure d'argent.* — Un troisième procédé que l'on peut également employer quand on n'a pas de kaolin, et qui dans tous les cas est préférable à l'usage du noir animal, consiste dans une décoloration produite par le chlorure d'argent. Il suffit en effet d'ajouter au bain coloré une petite quantité d'une solution de chlorure de sodium (8 à 10 gouttes environ d'une solution à 5 pour 100) et d'agiter vivement sans attendre que le précipité de chlorure d'argent soit devenu caséeux, de répéter cette opération une seconde et même une troisième fois pour qu'il perde sa coloration. Le précipité de chlorure d'argent qui se forme alors entraîne, en se rassemblant, la matière colorante et ramène le bain à un état convenable. Il nous a suffi de 2 centimètres cubes de liqueur salée à 5 pour 100 ajoutée en trois fois pour décolorer environ 300 centimètres cubes d'un bain très-coloré. Ces 2 centimètres cubes contenaient 0,15 de sel et ont précipité environ $0^{gr},45$ de nitrate d'argent. Ce mode de décoloration est, on le voit, fort commode, puisqu'on l'a toujours sous la main, et peu dispendieux, car il ne fait qu'affaiblir le bain dans une proportion insensible; d'ailleurs on doit toujours mettre aux résidus les filtres et le chlorure d'argent séparé. On doit préférer la décoloration par le kaolin; mais, à défaut de celui-ci, la décoloration par le chlorure d'argent constitue une méthode économique et préférable à celle basée sur l'emploi du noir animal.

§ VI. — *De la conservation des feuilles sensibilisées.*

Si les causes diverses que nous venons de passer en revue exercent sur la valeur définitive d'une épreuve photographique des influences remarquables, et dont le photographe doit toujours tenir compte, il est un autre effet encore qui doit au plus haut degré fixer son attention. Nous voulons parler de l'altération que subissent au bout d'un espace de temps variable, mais généralement très-court, les feuilles positives préparées par la méthode ordinaire à l'azotate d'argent, altération qui les rend rapidement impropres à la production d'une épreuve. Chacun sait que les feuilles ainsi préparées peuvent être conservées quelques jours au plus à l'abri de la lumière; qu'elles soient en effet insérées dans un portefeuille ou simplement suspendues, leur surface entière se colore rapidement, et si l'on en veut alors faire usage, on n'obtient que des épreuves qui ne peuvent présenter la moindre valeur.

Des papiers positifs préparés par quelques méthodes particulières, ceux aux chromates par exemple, ne présentent pas cet inconvénient ; ils se conservent bien plus longtemps sans altération : mais outre que leur emploi force le photographe à un apprentissage nouveau, aucun d'eux n'a pu jusqu'ici fournir les admirables effets que donnent les feuilles préparées par le nitrate d'argent.

L'altération dont nous parlons ne se manifeste pas d'ailleurs toujours avec la même intensité ; elle varie avec des papiers de fabrication différente, elle varie même avec des feuilles de la même origine.

Recherchons d'abord quelle peut être la cause de cette altération. Dans les paragraphes précédents, nous avons établi que la surface du papier sensibilisé était formée par le mélange de deux corps bien distincts, le chlorure d'argent insoluble et le nitrate d'argent soluble employé en grand excès et resté libre sur cette surface ; nous avons montré en outre que l'un et l'autre étaient indispensables à la venue d'une bonne épreuve, et que ce n'était qu'à la condition de les voir réunis tous deux sur la feuille qu'on pouvait obtenir sur celle-ci les effets de relief, ainsi que les demi-teintes auxquels les photographes attachent tant de prix.

L'existence de ces deux corps différents à la surface de la feuille sensible nous a conduits naturellement à examiner si l'un et l'autre intervenaient dans le phénomène de l'altération, ou si l'un d'entre eux seulement en était la cause. L'expérience nous a montré la réalité de cette dernière supposition, et nous avons reconnu qu'une feuille sensible étant donnée, et divisée en deux, l'une de ses moitiés restant à l'état normal, tandis que l'autre est bien débarrassée par le lavage de l'excès de nitrate libre : cette dernière portion qui ne renferme alors que du chlorure d'argent insoluble, se conserve dans l'obscurité indéfiniment sans subir aucune altération. Quant à l'autre moitié, c'est-à-dire celle qui contient encore un excès de nitrate libre, elle commence à s'altérer au bout de quelques heures, et après trois ou quatre jours de préparation, elle est entièrement impropre à l'obtention d'une épreuve. D'ailleurs cette faculté conservatrice du chlorure d'argent reste constante, quelque chargées que soient les feuilles de ce composé. Ainsi dans une expérience qui a duré quatorze jours, nous avons vu les parties d'une feuille qui renfermaient un excès de nitrate libre se teinter au bout de quelques heures, pour se foncer ensuite rapidement, tandis que les parties préparées sur des bains de sel à 2, 5 et 10 pour 100, qui par conséquent étaient très-chargées en chlorure, débarrassées de l'excès de nitrate libre par le lavage, se sont conservées tout ce temps sans aucune trace d'altération.

Il semble donc, d'après ce fait, qu'on puisse aisément trouver la solution du problème de la conservation des feuilles sensibilisées en les préparant au chlorure d'argent seul, soit en les lavant après le bain de nitrate, soit en les passant au sortir de ce bain dans une solution d'un chlorure soluble qui transformerait en chlorure d'argent insoluble tout le nitrate libre resté en excès. Nous ne croyons pas cependant que ce procédé soit applicable; on obtiendra bien en effet de cette manière des feuilles qui se conserveront sans altération, mais elles seront impropres à donner des épreuves de haute qualité; nous avons montré en effet, et tous les photographes en ont pu faire l'expérience, que les épreuves au chlorure d'argent seul, sans nitrate libre, étaient toujours plates et incomplètes.

L'altération des feuilles positives dans l'obscurité est donc due à l'action du nitrate d'agent libre sur les matières organiques qui forment la feuille de papier; des causes secondaires peuvent l'activer; ainsi cette altération sera d'autant plus rapide que le nitrate aura été employé plus concentré, qu'il aura pénétré plus avant dans l'épaisseur du papier, que le contact aura été plus prolongé, enfin que l'encollage aura plus de tendance à se combiner avec l'azotate d'argent, toutes circonstances dont nos recherches antérieures jointes à cette observation que le nitrate libre est seul cause de l'altération, rendent l'explication facile.

En effet, si le nitrate d'argent est plus concentré, la feuille renfermera plus de nitrate libre comme nous l'avons prouvé, et dès lors sera plus facile à altérer; si le temps de pose sur le bain a été plus long que d'habitude, la cause et l'effet seront les mêmes; plus au contraire le bain de sel aura été riche, moins il y aura de nitrate libre, moins la feuille aura de tendance à s'altérer.

Et ici vient se placer à l'appui de notre dire une observation remarquable ; chacun a observé que les feuilles photographiques s'altèrent plus au dos que sur la face, chose facile à comprendre, puisque sur la face le nitrate libre se trouve mélangé avec du chlorure d'argent qui ne concourt pas à l'altération, tandis que le dos n'est chargé qu'en nitrate libre qui, par la capillarité, a seul pénétré jusque-là.

Le mode de fabrication du papier, sa porosité, la nature de ses encollages jouent encore un certain rôle au point de vue de leur altérabilité. C'est ainsi que nous avons remarqué que les papiers anglais fortement encollés se conservaient mieux que les autres, et que parmi les papiers français, ceux-là se conservaient le moins qui étaient revêtus de moins d'encollage. On peut aisément expliquer ce fait par l'imperméabilité relative que l'encollage procure à la feuille et qui empêche celle-ci d'absorber par capillarité une plus grande quantité de nitrate libre.

Cette observation nous a conduits à penser que les sels d'alumine qui jouissent de la propriété d'imperméabiliser les tissus, pourraient, judicieusement employés, communiquer au papier photographique la faculté de se conserver. L'expérience a vérifié cette hypothèse. Elle nous a montré en effet que des feuilles positives préparées sur un bain de chlorure de sodium additionné seulement de 1 pour 100 d'alun, se conservaient beaucoup plus longtemps que les mêmes feuilles préparées à la manière ordinaire.

Après avoir ainsi établi les éléments qui interviennent dans l'altération des feuilles sensibles, nous nous sommes préoccupés de rechercher à quelle loi ceux-ci obéissaient. Des expériences récentes sur l'altération des papiers ozonométriques en présence de l'air humide, nous ont conduits à penser que l'humidité devait jouer un grand rôle dans cette réaction, et que si l'on parvenait à garder le papier sensible dans un état de siccité absolue, on lui conserverait d'une manière indéfinie toute sa valeur et ses propriétés. L'expérience a pleinement confirmé cette manière de voir. Des fragments de feuilles positives des provenances les plus diverses ont été pendant trois mois entiers abandonnés à l'abri de la lumière, dans des flacons hermétiquement fermés, et dans lesquels des substances hygrométriques, telles que du chlorure de calcium, du carbonate de

potasse, etc., avaient été introduites de manière à dessécher non-
seulement l'air du flacon, mais la feuille elle-même. Au bout
de cet espace de temps, les feuilles n'avaient pas subi la moindre altération, elles n'étaient nullement teintées, tandis que
d'autres parties des mêmes papiers conservés simplement dans
des portefeuilles s'étaient colorées avec l'intensité que chacun
a si souvent remarquée.

Ainsi, lorsque l'on conserve des papiers sensibles complète-
ment secs, dans une atmosphère bien sèche également, ils ne
subissent aucune altération, et ils sont encore au bout de trois
mois aussi aptes que le premier jour à fournir une épreuve
photographique.

Cette méthode, dont jusqu'ici personne n'avait fait connaître
ni le principe ni l'application, peut rendre à la photographie
les plus grands services. Aussi avons-nous fait construire par
l'un de nos plus habiles fabricants, M. Marion, différents mo-
dèles d'appareils disposés de manière à remplir ce but, et
qui, par leur prix peu élevé, se trouvent accessibles à tous.

L'emploi de semblables appareils dont nous avons reconnu
l'efficacité pour les papiers positifs, qui probablement, d'après
des expériences que nous venons de mettre en train, offriront
pour les papiers négatifs sensibilisés, aussi bien que pour les
glaces, les mêmes avantages, pourra éviter au photographe
même le plus éloigné des lieux de fabrication, la préparation
des papiers nitratés, en lui permettant de se procurer ceux-ci
tout préparés, sans qu'aucune altération leur survienne dans le
transport. Il permettra en outre à chacun d'utiliser les loisirs
des mauvaises journées, pour préparer des provisions de papier nitraté qu'il trouvera tout prêt lorsqu'une belle lumière
viendra lui fournir la possibilité d'utiliser ses clichés.

CHAPITRE IV.

DE L'INSOLATION.

Lorsqu'on se place au point de vue purement pratique de la
photographie, il est facile de définir en peu de mots l'acte de
l'insolation. On peut résumer cette définition en disant que,
sous l'influence des rayons lumineux, certains composés argentiques se colorent. Mais au point de vue théorique il n'en est
pas de même, et la solution de cette question intéressante est

jusqu'ici restée dans une fâcheuse obscurité. Nous chercherons à y porter quelque lumière.

On admet généralement que dans cet acte les composés argentiques se rapprochent de l'état élémentaire; mais cette action se traduit-elle par une séparation complète des éléments, ou par une simple augmentation de basicité? Enfin des combinaisons nouvelles se forment-elles entre les composés argentiques et les substances qui les entourent? Ce sont là autant de questions à résoudre.

Une seule hypothèse avait été émise sur le premier point, et quelques savants, guidés par l'induction bien plus que par l'expérience, avaient admis que dans leur action sur le chlorure d'argent $AgCl$, les rayons solaires réduisaient celui-ci à l'état de sous-chlorure Ag^2Cl; nous démontrerons qu'il n'en est rien, et que l'action extrême de la lumière sur ce composé est d'opérer une séparation complète de ses éléments, en le ramenant à l'état métallique.

Dans le cas particulier de la production des épreuves photographiques positives dont nous devons seulement nous occuper, on se trouve en présence de plusieurs substances : 1° une feuille de papier représentée par de la cellulose pure; 2° un encollage soit de fabrication, soit additionnel, et formé généralement d'amidon, de gélatine ou d'albumine; 3° du chlorure d'argent; 4° du nitrate d'argent libre dont on pourrait par des lavages convenables débarrasser la feuille.

Nous examinerons d'abord dans quel état ces composés se trouvent vis-à-vis les uns des autres, au moment où ils sont déposés sur la feuille de papier; nous examinerons ensuite de quelle façon l'action lumineuse pourra modifier leurs fonctions respectives.

L'examen du premier cas nous sera chose facile, car ces composés y sont produits par de simples réactions chimiques auxquelles une feuille de papier sert de support.

Considérons d'abord cette feuille de papier, elle constituera, comme nous venons de le dire, un simple support. Les encollages viendront s'y déposer; il en sera de même du chlorure et du nitrate. Une minime portion de celui-ci adhérera seulement aux fibres de la cellulose, grâce à cette affinité particulière qui sert de base au mordançage des tissus.

Les encollages mis en présence du chlorure d'argent constitueront avec lui de simples mélanges; mais, vis-à-vis du nitrate, ils se comporteront d'une manière différente. L'albumine, entre autres, formera avec l'azotate d'argent une combinaison blanche, insoluble, très-attaquable par la lumière qui, ainsi que nous l'avons montré (Chap. III, § Ier), amènera une plus grande richesse de la feuille en argent, et par suite devra plus tard jouer un rôle dans la production de l'épreuve. L'azotate d'argent n'agit pas de même sur la gélatine et l'amidon; mêlés simplement ensemble, ils ne donnent immédiatement naissance à aucune combinaison, et nous avons déjà insisté sur ce fait (Chap. III, § Ier), en montrant que ces encollages n'exerçaient aucune influence sur l'absorption d'azotate d'argent par la feuille.

Cependant nous avons démontré par l'expérience que ces encollages influençaient grandement les résultats; aussi devrons-nous apporter une attention toute particulière à voir la manière dont ils peuvent se comporter sous l'influence lumineuse.

Enfin, et c'est là le seul point qui nous reste à établir, l'azotate d'argent mis en présence du chlorure ne forme avec lui aucune combinaison; il le dissout seulement, comme l'a démontré récemment M. Riche (1), et par suite de cette action dissolvante, il en divise la masse d'une manière plus égale dans les fibres du papier.

Examinons maintenant les phénomènes qui vont se produire lorsque tous ces corps seront soumis à l'action lumineuse.

La feuille de papier elle-même a dû tout d'abord nous arrêter, et nous nous sommes demandé si, d'après les intéressantes recherches de M. Niepce de Saint-Victor, il ne pouvait pas se faire qu'emmagasinant la lumière, suivant l'expression de celui-ci, elle influençât la production de l'épreuve; nous n'avons pas reconnu qu'il en fût ainsi, et nous devons même avouer qu'aucune feuille de papier encollée ou non, exposée à la lumière dans un châssis, puis passée dans un bain d'azotate d'argent, ne nous a jamais donné de résultat appréciable. Peut-être ne nous étions-nous point placés dans des conditions convenables, peut-être la lumière n'était-elle pas assez vive; mais dans tous les cas on peut affirmer que l'insolation de la

---

(1) *Journal de Pharmacie et de Chimie*, mai 1858.

feuille elle-même n'a aucune action sur la production de l'épreuve.

L'insolation du chlorure d'argent a dû être de notre part l'objet d'une étude attentive ; car, il faut le reconnaître, elle constitue le point capital de la théorie photographique. L'expérience nous a ainsi démontré que l'action ultime de la lumière sur le chlorure d'argent était la séparation de ses éléments et la production de l'argent métallique. Si, dans ce cas, il se forme du sous-chlorure d'argent, ce n'est jamais qu'à *l'état transitoire*, et en quantités tellement minimes, qu'on doit les considérer comme *impondérables*, et tout à fait incapables de produire une épreuve photographique. Celle-ci est donc formée par de l'argent métallique, libre ou combiné, mais non pas par du sous-chlorure d'argent, comme on l'avait admis jusqu'ici. Cette vérité avait été déjà établie par nous en considérant l'épreuve au sortir du bain fixateur, mais il était essentiel d'établir qu'elle subsistait déjà avant que celui-ci eût réagi.

Nous relaterons ici quelques-unes des expériences qui nous ont amené à cette conclusion.

Quoiqu'il soit généralement admis que le chlorure d'argent subit, sous l'influence lumineuse, une action réductrice, il était intéressant néanmoins de mettre en parfaite évidence le dégagement de chlore qui devait accompagner cette réduction ; nous y sommes aisément parvenus en mettant du chlorure d'argent bien pur et bien lavé en suspension dans de l'eau distillée, colorée soit par du tournesol, soit par de l'indigo. Dans l'un et l'autre cas, les liqueurs étaient au bout de quelques heures entièrement décolorées par le chlore qui s'était dégagé, et dont il était facile d'ailleurs de manifester la présence, en versant dans ces solutions une goutte d'azotate d'argent.

Ce premier point établi, nous avons recherché si cette réduction donnait naissance à du sous-chlorure d'argent ou à de l'argent métallique.

Pour cela nous avons étendu dans des cuvettes extrêmement plates des couches minces de solution de chlorure de sodium et d'azotate d'argent, mélangées par quantités absolument équivalentes. Bientôt le chlorure d'argent s'est déposé, et, grâce à sa faible épaisseur, est resté adhérent au verre de la cuvette; nous avons alors décanté et exposé, dans cette position, le chlorure pendant plusieurs jours à l'action solaire. Le précipité brunâtre ainsi obtenu s'est trouvé en très-notable partie soluble dans l'acide azotique, avec formation de vapeurs nitreuses; ce qui indiquait la présence de l'argent métallique, et le résidu, à peine teinté en violet, s'est complétement dissous dans l'ammoniaque, en communiquant simplement à celle-ci une couche imperceptible.

Or la chimie enseigne que le sous-chlorure d'argent est entièrement insoluble dans l'acide azotique, et l'on sait, depuis Scheele, que ce corps est décomposé par l'ammoniaque en donnant un précipité d'argent métallique. Donc ce composé ne se trouvait pas en quantité sensible dans la substance fournie par l'insolation du chlorure d'argent, et celle-ci était simplement formée d'argent métallique, d'une masse de chlorure d'argent non réduit et d'une trace inappréciable en poids de sous-chlorure.

Il en est de même sur une épreuve; en effet, si l'on traite directement par l'ammoniaque la substance obtenue, en insolant le chlorure d'argent, on a un résidu très-important d'argent métallique qui, si on le suppose répandu sur une feuille de papier, y pourra parfaitement produire une épreuve, tandis que si l'on fait subir ce traitement à la même substance, débarrassée d'abord par l'acide azotique de l'argent métallique qu'elle contient, on n'obtiendra plus qu'un résidu inappréciable, louchissant à peine la liqueur et tout à fait incapable de colorer même le petit filtre sur lequel on cherche à le recueillir.

Nous connaissons donc maintenant le rôle que joue le chlorure d'argent dans l'acte de l'insolation, il est ramené à l'état métallique; mais, nous le savons, le chlorure d'argent n'est pas seul sur la feuille où l'épreuve photographique doit prendre naissance, et parmi les corps qui l'entourent, l'azotate d'argent joue, comme nous l'avons démontré, un rôle bien important au point de vue du résultat photographique (CHAP. III, § Iᵉʳ). Nous en devons aujourd'hui rechercher l'explication. Déjà nous avons énoncé le résultat auquel nous sommes arrivés à ce sujet, en disant que le nitrate influe sur la production définitive de l'épreuve, en fournissant d'une manière constante un aliment nouveau au chlore qui se dégage du sel d'argent réduit; en disant que ce chlore attaque le nitrate qui le touche, forme de nouveau chlorure qui noircit et se réduit à son tour, remettant en liberté une nouvelle quantité de chlore; en ajoutant enfin que le chlorure d'argent, se trouvant ainsi en plus grande quantité sur une surface donnée, rencontrant d'ailleurs à l'état naissant les rayons lumineux qui le frappent, est influencé par eux avec une plus grande énergie.

Quelques expériences nous permettront de vérifier ces assertions.

Si elles sont vraies, en effet, il suffira de prendre les deux moitiés d'une même feuille de papier sensibilisé, de garder l'une dans l'obscurité, tandis que l'autre est soumise à une lumière énergique qui puisse la métalliser, et à doser les quantités de chlore restant dans l'une et dans l'autre. Si, en effet, le chlore, au fur et à mesure qu'il se dégage de la combinaison, sature une nouvelle quantité d'azotate d'argent, la feuille en doit, dans les deux cas, conserver la même quantité. C'est ce que l'expérience a démontré, car dans la moitié de la feuille insolée on a trouvé, à un millième près, la même quantité de chlore que dans la feuille conservée à l'abri de la lumière.

En outre, si l'on expose aux rayons solaires du chlorure d'argent placé en suspension dans une solution d'azotate d'argent, on reconnaît, après le noircissement de celui-ci, que la liqueur ne renferme pas de chlore libre, mais de l'acide azotique qui rougit le tournesol, ce qui implique bien la décomposition partielle de l'azotate d'argent dissous.

Enfin, on peut, par une dernière expérience, mettre en relief l'action de l'azotate d'argent sur le chlorure de ce métal. Si l'on broie séparément, sur une plaque de porphyre, de l'azotate d'argent sec et du chlorure d'argent, on les voit se colorer l'un et l'autre : le premier lentement, et sans doute parce qu'il se trouve mélangé avec les poussières ambiantes ; le second avec une rapidité plus grande, mais qui se ralentit bientôt. Mais, si l'on vient à rapprocher, avec la molette, les deux masses l'une de l'autre, on voit immédiatement la coloration marcher avec une grande énergie aux points de contact. C'est une expérience que chacun peut vérifier, et qui, croyons-nous, montre mieux que toute autre l'influence du dégagement de chlore, et par suite de la formation du chlorure d'argent à l'état naissant sur la marche de la réaction.

Nous pouvons donc, dès à présent, nous rendre compte du rôle joué dans l'acte de l'insolation par le chlorure et le nitrate d'argent. Il nous reste à voir, pour épuiser ce sujet, quel peut être le rôle des encollages vis-à-vis de ces composés.

Nous savons, depuis longtemps déjà, l'influence qu'ils exercent sur la production des épreuves; nous savons de même que sur une feuille de papier sans encollage l'épreuve grisâtre qui s'est formée n'est constituée que par de l'argent métallique; mais en est-il de même lorsque les composés dont nous venons d'examiner le rôle sont en présence d'encollages énergiques? D'anciennes expériences, que nous allons rappeler, en leur donnant plus de développement, nous permettent d'affirmer qu'il n'en est rien, et que, dans ce cas, une combinaison s'opère, sous l'action lumineuse elle-même, entre l'encollage et l'argent.

En plaçant, en effet, sous les rayons solaires des flacons renfermant des solutions de gélatine, d'amidon, d'albumine, additionnées d'azotate d'argent dissous, et au sein desquelles se trouvait en suspension du chlorure d'argent, nous avons vu dans tous les cas se former des précipités colorés qui, recueillis, lavés avec le plus grand soin, se trouvaient formés, avant l'action des agents fixateurs, de chlorure d'argent en excès non réduit, d'argent métallique et de matière organique, et après l'action de ceux-ci, d'argent métallique combiné avec une matière organique. Le précipité formé dans la solution gélatinée brûlait avec facilité, donnait de l'acide carbonique par la combustion avec l'oxyde de cuivre, de l'ammoniaque sous l'action de la potasse, de l'argent par la calcination; le précipité formé dans la solution amidonnée brûlait de même, donnait de l'acide carbonique, etc. Il est inutile d'insister davantage sur ces expériences, que nous avons déjà citées (chap. Ier, § VI). D'ailleurs ces combinaisons offraient des variétés de couleur et d'intensité correspondant parfaitement à celles que communiquent aux épreuves ces mêmes encollages.

L'action exercée par les encollages est donc bien évidente: ils donnent naissance sous l'influence lumineuse, au moment même où l'argent est mis en liberté, à des combinaisons de matière organique et d'argent, qui se présentent avec des couleurs différentes qu'elles communiquent aux épreuves dans la photographie pratique.

Mais il était important d'établir si l'action des encollages s'exerçait sur le chlorure ou sur le nitrate. L'expérience montre que c'est particulièrement sur ce dernier qu'elle porte. Si l'on filtre en effet la solution gélatinée qui a servi aux expériences précédentes, et qui par suite ne renferme plus que du nitrate libre et de la gélatine, on la voit continuer à donner, sous l'influence lumineuse, le même précipité formé de matière organique et d'argent; il en est de même pour l'albumine et l'amidon.

On peut d'ailleurs mettre ce fait en évidence d'une manière plus saillante encore en préparant des couches colorées de la manière suivante :

On étend sur glaces une couche d'albumine et une couche de gélatine pures : après dessiccation les deux glaces sont passées au nitrate d'argent, lavées rapidement pour en enlever l'excès, et exposées à la lumière.

Les deux glaces se teintent alors rapidement en prenant la coloration propre à chacun de ces encollages: la teinte pourpre pour la gélatine, la teinte rouge-orangé pour l'albumine. Cette combinaison résiste à l'hyposulfite de soude, qui en modifie légèrement la teinte et la ramène à un ton plus clair.

Mais si l'on opère de même en s'arrangeant de telle façon qu'il n'y ait que du chlorure d'argent en face de l'encollage, on remarque bien une petite influence; mais, comparée à celle du nitrate, elle est inappréciable.

Ainsi donc, c'est entre le nitrate et l'encollage que s'opère cette action, et dès lors l'action lumineuse s'exerce d'une manière complexe sur la feuille, car elle colore celle-ci, et par la réduction du chlorure d'argent, et par la formation de la combinaison qui s'effectue entre l'argent et la matière organique.

Résumons-nous donc, groupons les faits qui précèdent, et cherchons à en déduire une théorie générale de l'insolation.

Les rayons lumineux frappant le chlorure d'argent, le réduisent à l'état métallique; le chlore qui s'en dégage rencontrant de l'azotate d'argent en excès, le décompose, forme avec lui de nouveau chlorure qui à l'état naissant est impressionné plus vivement, et donne à la marche de l'insolation une rapidité et une force plus considérables.

Ainsi réduit, l'argent donne à l'épreuve une teinte grise ou brunâtre. Peut-être doit-il aux faibles traces de sous-chlorure d'argent qui se forment en même temps que lui cette coloration violette qui recouvre les épreuves sortant du châssis, et qui disparaît ensuite dans les agents fixateurs.

Mais une matière organique est-elle présente pendant la réaction, le résultat change ; une combinaison colorée de matière organique et d'argent se forme, se fixe sur l'argent du chlorure, et recouvre la teinte plus sombre de celui-ci d'une coloration plus ou moins riche, plus ou moins intense, suivant la nature et la quantité de la matière organique employée.

Cette théorie donne, de tous les faits que nous avons jusqu'ici fait connaître, une explication facile : elle montre pourquoi le chlorure d'argent sans nitrate, même en présence de matières organiques, ne donne qu'une épreuve plate et sans vigueur dont les noirs refusent de monter de ton ; pourquoi au contraire le nitrate d'argent employé sans chlorure donne avec l'encollage des épreuves fortement colorées, quoique sèches et peu agréables ; pourquoi enfin le mélange convenable de chlorure et de nitrate d'argent donne des épreuves vigoureuses auxquelles l'encollage vient ajouter la coloration.

Elle permet également d'expliquer les différences que nous avons pu signaler déjà au point de vue de la sensibilité photogénique entre les différents sels d'argent. Si nous nous reportons en effet à l'examen que nous avons fait des composés que l'on pouvait substituer au chlorure de sodium pour le salage du papier, nous pouvons faire cette remarque curieuse qu'en présence d'un excès d'azotate d'argent, la sensibilité est d'autant plus grande que le sel peut, par sa réduction, mettre en liberté un corps plus volatil. Ainsi, après les chlorures, viennent les bromures, puis les iodures, capables de mettre en liberté du chlore, du brome, de l'iode qui reforment constamment de nouveaux composés argentiques ; et c'est seulement après eux que peuvent prendre place les phosphates, citrates, etc., qui se prêtent moins à l'accomplissement de cette importante réaction.

5.

CHAPITRE V.

DU FIXAGE.

§ Ier. — *Définitions.*

Fixer une épreuve photographique, c'est, dans le sens absolu du mot, la rendre invariable dans son aspect et sa qualité. Pour obtenir ce but, le photographe, prenant l'épreuve au sortir du châssis, la soumet à l'action de solutions diverses, mais se rapprochant les unes des autres par l'action dissolvante qu'elles exercent sur les composés argentiques insolubles dans l'eau qui constituent la couche impressionnable. Cette opération est accompagnée de phénomènes sensibles de trois sortes différentes : les parties non impressionnées de l'épreuve qui, abandonnées à la lumière, se fussent rapidement teintées, acquièrent la propriété de demeurer incolores ; un changement de coloration se manifeste toujours dans l'épreuve, et enfin l'intensité des tons qui la revêtent diminue fréquemment.

A ces trois points de vue, le fixage, pour être parfait, doit présenter des qualités nettes et définies :

1°. L'agent fixateur doit enlever à la feuille toute la substance impressionnable non attaquée, afin qu'une action subséquente de la lumière ne vienne pas modifier l'effet produit.

2°. Il ne doit laisser sur l'épreuve aucune substance capable de réagir, soit immédiatement, soit à la longue, sur les éléments qui la constituent, et d'en altérer les diverses parties.

3°. Il doit n'exercer son action que sur les parties non colorées, ou du moins, s'il attaque les parties colorées, il ne doit le faire que très-faiblement, en réservant toute la douceur des demi-teintes.

Un petit nombre de corps sont employés avec des succès variables pour remplir ce but ; nous examinerons successivement la valeur de chacun d'eux à ces trois points de vue, mais avant de l'entreprendre nous chercherons à établir la théorie du fixage lui-même.

§ II. — *Théorie du fixage.*

Lorsque le photographe sort du châssis à reproduction une feuille impressionnée, celle-ci, que recouvrent généralement de riches tons violets et pourpres, est formée par diverses substances dont la nature, grâce à nos précédentes recherches, nous est aujourd'hui bien connue. Ce sont d'abord du chlorure d'argent libre, du nitrate d'argent libre également, qui se trouvaient en excès, sur lesquels la lumière n'a pas agi, et qui par suite n'appartiennent pas aux parties colorées de l'épreuve. Ce sont ensuite, ainsi que nous l'avons prouvé, de l'argent métallique, et surtout cette combinaison argentico-organique à colorations variables dont l'influence est si grande dans la production de l'épreuve.

A côté de ces substances se rencontre en outre une certaine quantité d'acide nitrique libre, dont il est aussi facile d'établir l'origine que de démontrer la présence. Nous savons, en effet, que le chlorure d'argent réduit par la lumière dégage du chlore qui, réagissant sur une quantité équivalente de nitrate libre, forme de nouveau du chlorure d'argent en même temps qu'il met en liberté l'acide nitrique que celle-ci renfermait. (C'est aux réactions successives qui se produisent ainsi que sont dues les profondeurs du dessin photographique.) D'ailleurs il est facile de mettre en évidence l'existence de cet acide libre. Il suffit pour cela de prendre une feuille positive, préparée à la façon ordinaire, de la séparer en deux, d'insoler énergiquement l'une des moitiés tandis que l'autre reste dans l'obscurité, et d'examiner ensuite la nature des produits solubles que renferment l'une et l'autre. Si on les broie toutes deux avec une petite quantité d'eau, et si l'on ajoute aux deux liqueurs filtrées de la teinture de tournesol, on reconnaît aisément, à la coloration rouge que prend ce réactif, que la feuille insolée renfermait de l'acide nitrique libre, tandis que la même expérience, exécutée sur la moitié de feuille qui n'a pas vu le jour, montre clairement que celle-ci ne renfermait point d'acide avant l'insolation.

La nature diverse de ces substances leur fait jouer vis-à-vis des fixateurs des rôles très-différents. Quant aux deux premières, elles subissent, sous l'influence de ceux-ci, des actions dont nous nous proposons d'élucider la nature, mais qui, d'une manière ultime, se traduisent par une dissolution absolue. Tous les chimistes sont d'accord sur ce point : les fixateurs enlèvent les sels d'argent non attaqués par la lumière.

Mais le rôle que jouent les fixateurs vis-à-vis des parties colorées de l'épreuve, les décompositions qu'eux-mêmes peuvent subir, sont loin d'être aussi bien connus. Aussi est-ce à l'étude de ces points délicats que nous nous attacherons principalement.

L'opération du fixage est accompagnée d'un fait remarquable que tous les photographes connaissent bien. Au moment où l'épreuve est immergée dans le fixateur, quel qu'il soit, elle se dépouille subitement de la teinte violette qui la recouvre, pour revêtir des tons tantôt rouge-brique, tantôt rouge-orangé, variant suivant la nature du fixateur, mais différant tous de la façon la plus nette et la plus essentielle du ton primordial de l'épreuve. Ce fait remarquable ne pouvait manquer de frapper l'esprit des observateurs; il est tellement saillant, que l'on conçoit aisément l'ardeur avec laquelle diverses théories ont été proposées pour l'expliquer.

La première qui ait été mise en avant est celle-ci : l'épreuve est formée par un sous-chlorure d'argent, Ag^2Cl, que le fixateur décompose et transforme d'une part en chlorure d'argent soluble, d'un autre en argent métallique qui forme l'épreuve. Cette théorie n'est plus soutenable aujourd'hui, car d'une part on sait que l'épreuve positive ne renferme pas de sous-chlorure d'argent, d'une autre il paraît difficile d'admettre que l'argent métallique précipité puisse varier, non pas dans l'intensité des tons, mais dans la nature même de ceux-ci.

Du jour où l'on comprit que parmi les matières organiques constituant la feuille de papier ou la recouvrant, il en était une qui influençait les résultats, on chercha dans les modifications qu'elle pouvait subir la base de théories ingénieuses, il est vrai, mais qui n'avaient point pour elles la sanction de l'expérience.

Les uns disent : le fixateur décompose le sous-chlorure d'argent, Ag^2Cl, l'argent est mis en liberté, et, s'unissant à la matière organique, forme une combinaison colorée qui constitue l'épreuve. Cette modification de la première théorie n'est pas plus admissible qu'elle. Car, 1° le sous-chlorure d'argent n'existe pas sur l'épreuve; 2° nous avons montré (chap. IV) que la combinaison argentico-organique existait *avant que le fixateur fût intervenu*, alors que la lumière seule avait agi. En effet, le précipité coloré formé sous l'influence de l'action lumineuse dans une solution renfermant du chlorure d'argent, du nitrate d'argent et de l'amidon ou de la gélatine, contient de la matière organique insolubilisée avant même qu'on le soumette à l'action d'un réactif quelconque.

D'autres disent : la combinaison argentico-organique existait avant l'action du fixateur, car, suivant la nature et la force des encollages, l'épreuve revêt sous le châssis des colorations très-diverses; mais, sous l'influence du fixateur, la combinaison est détruite, et l'argent métallique est mis en liberté. Comme les deux premières, cette théorie est inexacte. En effet, d'une part nous avons montré que la combinaison argentico-organique *subsistait encore après l'action du fixateur*, car le précipité dont nous venons de parler, fixé et bien lavé, renferme encore de la matière organique; d'autre part, une épreuve faite sur papier sans colle, c'est-à-dire ne renfermant presque que de l'argent métallique, est grise après le fixage et non point rouge comme elle l'eût été si l'argent se fût trouvé en présence d'un encollage. Donc la matière organique subsiste en combinaison avec l'argent.

Ces théories ne rendent donc pas un compte réel de ce changement de teinte si marqué qui caractérise l'action du fixateur. C'est, en effet, dans un ordre d'idées tout différent qu'il faut rechercher la cause de ce phénomène, ainsi que nous allons l'établir.

Lorsque l'on considère que, si l'image renferme de l'argent métallique, celui-ci ne sert que de canevas et constitue pour ainsi dire une teinte plate sur laquelle la matière argentico-organique vient se grouper en tons vigoureux et colorés, on est porté à rechercher dans une modification de celle-ci la cause du changement de teinte produit par le fixateur. Or, si l'on réfléchit à la nature des agents fixateurs employés : hyposulfite de soude, ammoniaque, cyanure de potassium, etc., on remarque que tous possèdent une réaction alcaline; on sait d'ailleurs que les alcalis ont pour propriété de gonfler, c'est-à-dire d'hydrater les substances qui habituellement forment l'encollage des feuilles et notamment l'amidon. Partant de ces observations, nous avons été conduits à penser qu'au moment de l'immersion dans le fixateur, celui-ci exerçait sur l'encollage une réaction alcaline, le gonflait, et faisait subir à la combinaison argentico-organique déjà formée par l'action de la lumière, une hydratation qui modifiait énergiquement sa couleur. Dans ce cas, bien entendu, nous voulons parler d'une hydratation chimique et non d'une simple humectation, car le nouveau composé ainsi formé possède une couleur propre qu'il ne perd point par la dessiccation.

Si l'hypothèse ci-dessus se trouvait juste, un fait devait en établir facilement l'exactitude. Il était aisé, en effet, de trouver dans la vapeur de l'eau bouillante une substance qui, incapable d'opérer aucune décomposition chimique sur les sels en présence, pût néanmoins exercer sur l'encollage la même action de gonflement qu'un alcali quelconque. Et dès lors on devait, en exposant à l'action de cette vapeur une épreuve violette faite sur papier amidonné et sortant du châssis, la voir prendre instantanément la teinte rouge qu'elle eût acquise si on l'eût immergée dans une solution d'hyposulfite de soude ou d'ammoniaque. Plongée dans l'eau bouillante, elle devait se comporter de la même façon ; mais immergée dans l'eau froide, elle ne devait pas éprouver de changement sensible, car l'eau froide ne gonfle pas sensiblement l'amidon.

L'expérience a démontré la réalité de ces faits. Une épreuve sur papier encollé à l'amidon sortant du châssis ne change pas sensiblement de ton si on l'immerge dans l'eau froide ; mais elle passe immédiatement au rouge si elle est plongée dans l'eau bouillante ou simplement exposée à la vapeur de ce liquide.

Cette théorie se trouve d'ailleurs confirmée par plusieurs observations. Si l'amidon ne s'hydrate que sous l'influence de l'eau chaude, la gélatine, on le sait, s'hydrate à la longue sous l'influence de l'eau froide. Aussi est-il facile d'expliquer l'intéressante observation que nous a communiquée M. Arnaud, savoir que des épreuves sur papier anglais, c'est-à-dire encollées à la gélatine, virent d'elles-mêmes au rouge lorsqu'on les abandonne longtemps au sein de l'eau froide. Celle-ci joue alors vis-à-vis de la gélatine le même rôle que l'eau chaude vis-à-vis de l'amidon.

D'ailleurs nous nous sommes assurés que tous les sels à réaction faiblement alcaline, tels que le phosphate de soude, le borax, etc., agissaient dans le même sens que les fixateurs ordinaires, quoique avec une moins grande énergie.

Grâce aux faits que nous venons d'exposer, un des points les plus importants de la théorie du fixage se trouve donc établi d'une façon qui présente de grandes garanties de certitude. Le fixateur cause sur l'épreuve un changement de teinte énergique dû à l'hydratation, sous une influence alcaline, de l'encollage, et par suite à la combinaison que celui-ci forme avec l'argent. Une expérience directe peut montrer nettemen de quelle façon la matière argentico-organique se gonfle, s'hydrate sous l'influence des alcalis. Si l'on recueille la matière que laisse déposer un mélange de chlorure d'argent et d'azotate dissous dans l'eau amidonnée, et si après l'avoir fixée d'abord, puis laissée se réduire par la dessiccation à l'air libre en une matière métalloïde, élastique, on la mélange avec un fixateur quelconque, on la voit augmenter, décupler au moins de volume, en même temps que sa teinte se modifie. Hydratée une première fois par le fixage, cette matière s'était partiellement desséchée, mais le deuxième contact du fixateur lui avait fait reprendre cet état de gonflement, qu'elle avait déjà subi.

Examinons maintenant la valeur des différents fixateurs et les particularités relatives à chacun d'eux.

§ III. — *Action des différents fixateurs sur l'épreuve.*

Les agents employés pour le fixage des épreuves positives sont les dissolvants les plus énergiques des sels d'argent ; parmi eux, trois seulement doivent nous occuper : l'hyposulfite de soude, l'ammoniaque, le cyanure de potassium, et encore ce dernier ne nous arrêtera-t-il pas longtemps, car ses propriétés dissolvantes le rendent d'un emploi trop dangereux. Pour faire usage de ces fixateurs, on les dissout dans l'eau, en diverses proportions, puis on immerge dans les solutions ainsi obtenues l'épreuve sortant du châssis. Souvent l'opérateur, avant de soumettre l'épreuve à l'action du fixateur, lui fait subir un lavage à l'eau dont le but est d'enlever le nitrate d'argent en excès et l'acide nitrique libre qu'elle renferme, et de ne laisser au contact du fixateur que le chlorure d'argent.

Sans être un fixateur proprement dit, l'eau joue donc un rôle dans le fixage, et dès lors nous devons avant tout examiner si ce liquide remplit bien le but que l'on se propose, la dissolution de tout le nitrate d'argent et de tout l'acide libres. Or lorsqu'on immerge une feuille de papier dans une solution de nitrate d'argent, et que, sans l'exposer à la lumière, on cherche à la débarrasser par un lavage à l'eau distillée de tout le sel argentique qu'elle renferme, on reconnaît que si la dissolution est considérable, elle n'est cependant jamais complète. Cette feuille, en effet, quelque prolongé que soit le lavage, prend sous l'action lumineuse une teinte grise uniforme qui indique une réduction de l'argent. Sans doute, une partie du nitrate d'argent se trouvant décomposée par les sels que renferme toujours le papier, a formé dans la pâte même de celui-ci des composés argentiques insolubles que la lumière attaque ensuite. D'ailleurs la quantité de sel d'argent restant et par suite la réduction sont très-faibles. Néanmoins l'eau ne constitue qu'un fixateur insuffisant si elle est employée seule, lors même que le papier a été préparé uniquement avec des sels solubles, ainsi qu'il a été indiqué dans un procédé récemment publié.

Quant à l'acide nitrique que la feuille renferme, sans doute l'eau en enlève la plus grande partie, mais l'énergie décomposante de cet agent vis-à-vis d'un des fixateurs les plus habituels, l'hyposulfite de soude, est telle, qu'il paraît plus prudent, ainsi que nous le montrerons bientôt, d'opérer dans tous les cas, au moyen d'un alcali faible, la saturation des quantités, même minimes, qui ont pu résister au lavage à l'eau.

Ceci posé, examinons la manière dont se comporte chacun des trois fixateurs que nous avons cités, aux trois points de vue différents que nous avons énumérés au commencement de ce chapitre.

1°. La première question qui se présente est celle-ci : Le fixateur enlève-t-il tous les composés sur lesquels la lumière n'a pas agi? Pour vérifier ce fait, après avoir préparé des feuilles sensibles à la manière ordinaire, et les avoir laissé sécher, nous les avons passées dans les divers liquides fixateurs, et examiné ensuite d'une part si les feuilles ainsi fixées étaient encore impressionnables à la lumière, d'une autre si l'analyse y décelait la présence de l'argent : ce sont là deux moyens d'établir le même fait. En opérant de cette façon, nous avons reconnu que le cyanure de potassium employé à 2 pour 100 d'eau ne laissait aucun composé insoluble ; que l'hyposulfite de soude et l'ammoniaque agissaient de même sur des papiers encollés ordinaires, mais que ces deux fixateurs laissaient sur les feuilles albuminées une petite quantité d'argent susceptible de produire sous l'influence lumineuse une légère coloration.

Ces résultats présentent une certaine importance ; si, en effet, pour les premiers cas ils étaient à peu près connus, ils ne
l'étaient pas pour le dernier : ils montrent qu'il est difficile
d'enlever à une épreuve albuminée les dernières traces de sel
d'argent qu'elle renferme, et expliquent par suite la difficulté
qu'éprouvent souvent les photographes à obtenir sur papier
albuminé des épreuves sur lesquelles les blancs soient purs et
bien réservés.

2°. Nous arrivons maintenant à la question la plus importante et la plus difficile à coup sûr de ce chapitre. On peut la
présenter en se demandant si le fixateur abandonne à l'épreuve
quelque substance susceptible d'en produire l'altération, soit
d'une manière immédiate, soit même à la longue.

Nous ne nous occuperons point du cyanure de potassium ;
ainsi que nous l'avons déjà dit, ce corps, peu employé d'ailleurs en photographie positive, présente des dangers que nous
ferons mieux comprendre lorsque nous nous occuperons de
l'action dissolvante qu'il exerce sur les parties colorées de
l'épreuve.

L'ammoniaque que l'on emploie à des concentrations diverses, exerce toujours une action spéciale sur les parties colorées de l'épreuve. Il n'est personne qui n'ait été frappé du ton
particulier que présentent les épreuves fixées à l'ammoniaque,
et plusieurs fois déjà nous avons eu occasion d'insister sur
cette coloration, qui se manifeste d'une manière constante à
quelque moment et sous quelque état que l'ammoniaque ait été
employée dans le cours des préparations. Certes, le gonflement
de l'encollage par l'ammoniaque, et par suite l'hydratation de
la matière argentico-organique, explique bien comment le ton
violet de l'épreuve passe à un ton rouge, mais il n'explique pas
pourquoi le ton de la combinaison ainsi produite est si nettement différent de celui que l'on obtient lorsque le fixage est dû
à l'hyposulfite de soude, par exemple. Les faits suivants ren-
dront compte, nous l'espérons, de cet intéressant phénomène.

Lorsqu'on abandonne à la lumière un liquide renfermant du
chlorure et du nitrate d'argent, de l'amidon et de l'ammoniaque, il se forme, comme sur une épreuve, un composé
d'argent et de matière argentico-organique, mais ce composé
renferme de l'ammoniaque.

Si l'on prend la matière argentico-organique obtenue au

contact du chlorure d'argent, du nitrate et de l'amidon, et si
après l'avoir fixée à l'hyposulfite de soude, puis abandonnée à
une dessiccation complète, on la met en contact avec l'ammoniaque, elle change immédiatement de couleur et vire aux tons
dont sont revêtues les épreuves fixées à l'ammoniaque. Si l'on
examine ensuite, après des lavages très-prolongés, le précipité
ainsi obtenu, on reconnaît qu'il renferme de l'ammoniaque
combinée.

Enfin, une épreuve entièrement fixée à l'hyposulfite de
soude, puis plongée dans l'ammoniaque, y change de ton, et
prend la teinte d'une épreuve fixée au moyen de cet alcali.

Ces faits sont concluants: ils prouvent que dans le procédé à
l'ammoniaque cette base intervient d'une manière spéciale, se
combine à la matière argentico-organique, en même temps qu'elle
opère le fixage, et par suite fait, comme en teinture, virer d'une
manière particulière la coloration de cette substance.

L'ammoniaque abandonne donc à l'épreuve une petite quantité de sa substance; ce résultat est important en ce sens qu'il
explique la coloration particulière des épreuves fixées de cette
façon; mais, au point de vue de l'altération, la quantité d'ammoniaque fixée sur l'épreuve paraît absolument insignifiante.

Occupons-nous maintenant du fixateur le plus usuel, de
celui auquel est due, dans la plupart des cas, l'altération lente
des épreuves photographiques; nous voulons parler de l'hyposulfite de soude. Ce réactif s'emploie en dissolution plus ou
moins concentrée dans l'eau. Bientôt nous chercherons à établir celle que l'on doit préférer, mais, quant à présent, nous
nous bornerons à répondre à cette question : L'hyposulfite de
soude abandonne-t-il normalement à l'épreuve quelque substance qui la puisse altérer ?

Lorsqu'on fixe dans des conditions convenablement déter-
minées une épreuve au moyen d'un bain d'hyposulfite de soude
n'ayant jamais servi, l'expérience démontre que le fixage est
excellent, et l'analyse établit que le *fixateur n'a pas abandonné à l'épreuve la moindre substance qui puisse l'altérer, soit
immédiatement, soit à la longue.*

Mais ce résultat si net, si précis, est modifié d'une manière
fâcheuse dans un certain nombre de circonstances qui peuvent
toutes se rapporter à quatre cas distincts : 1° la présence de
l'acide nitrique libre dans la feuille insolée; 2° la limite de

saturation de l'hyposulfite de soude par les sels d'argent;
3° l'action de la lumière; 4° l'emploi de bains chargés intentionnellement d'acides tels que l'acide acétique.

Présence de l'acide nitrique. — Ainsi que nous l'avons établi
déjà, la feuille insolée renferme au sortir du châssis une certaine quantité d'acide nitrique; il est facile de prévoir l'influence que peut exercer sur la solution d'hyposulfite de soude
le contact de cet acide, la réaction suivante l'indique :

$$S^2O^2, NaO + AzO^5 = AzO^5NaO + SO^2 + S.$$

L'acide azotique décompose l'hyposulfite, sature la soude et
met en liberté l'acide hyposulfureux; mais celui-ci, dont l'instabilité est bien connue, se résout immédiatement en acide
sulfureux et en soufre. Le premier de ces corps est sans influence, mais il n'en est pas de même du second; se précipitant
au sein même de la feuille, il y apporte un élément destructeur qui, s'il n'agit pas immédiatement, se combinera cependant à la longue avec l'argent pour former ce composé jaune,
ce sulfure d'argent dont nos précédents travaux ont établi le
rôle dans l'altération des épreuves.

La présence de l'acide nitrique libre dans la feuille insolée,
l'action énergique que celui-ci doit exercer sur l'hyposulfite,
astreignent donc le photographe à des précautions nouvelles.
Habitué dès à présent à laver ses épreuves au sortir du châssis
pour enlever l'excès de nitrate d'argent qui les recouvre
il lui faudra en outre les soumettre à l'action d'une substance
capable de saturer l'acide libre que l'eau n'aura pu enlever
tout entier. Le bicarbonate de soude se présente tout de suite
comme le meilleur réactif à employer pour obtenir ce résultat.
C'est à lui, en effet, que les photographes devront s'adresser
pour éviter le nouveau danger que nous signalons. Saturé
de cette façon au moment même où le liquide pénètre la feuille,
l'acide nitrique ne pourra plus exercer sur l'image aucune
action fâcheuse.

Limite de saturation de l'hyposulfite. — Nous abordons maintenant la partie la plus complexe et la plus délicate de la question qui nous occupe.

Tous les photographes savent que lorsqu'on verse avec
précaution une certaine quantité de nitrate d'argent dissous

dans une solution d'hyposulfite de soude, un précipité blanc apparaît qui se dissout immédiatement; ce corps est l'hyposulfite d'argent AgO, S^2O^2. C'est un corps très-instable, insoluble dans l'eau, et qui, aussitôt qu'il se trouve à l'état solide, se décompose en sulfure d'argent et acide sulfurique suivant la formule

$$(\alpha) \qquad AgO, S^2O^2 + HO = AgS + SO^3, HO.$$

Ce corps peut se combiner à l'hyposulfite de soude (et c'est ce qui a lieu lorsqu'il s'y dissout), pour donner naissance à deux sels de propriétés très-différentes. L'un, qui se forme tout d'abord, c'est-à-dire lorsque l'hyposulfite de soude est en excès, correspond à la formule

$$(AgOS^2O^2)(NaOS^2O^2)^2.$$

C'est un sel blanc, extrêmement soluble dans l'eau, inaltérable à la lumière, et que l'on ne peut guère obtenir à l'état cristallisé qu'en le précipitant par l'alcool de sa solution aqueuse.

Le second, qui se forme lorsque l'hyposulfite de soude est en quantité moindre par rapport à l'azotate d'argent, correspond à la formule

$$(AgOS^2O^2), (NaOS^2O^2).$$

C'est un sel blanc cristallisant en magnifiques prismes doués du plus grand éclat; il est à peu près insoluble dans l'eau, indécomposable à la lumière lorsqu'il est à l'état sec, mais se décomposant avec une extrême facilité sous l'influence de celle-ci lorsqu'il est en contact avec l'eau, et donnant alors naissance à du sulfure d'argent, d'après la réaction (α).

On obtient les mêmes composés lorsqu'on agite une solution d'hyposulfite de soude avec du chlorure d'argent récemment précipité.

De telle sorte que lorsqu'on présente des épreuves insolées au bain d'hyposulfite de soude, plusieurs réactions peuvent se produire d'une manière successive suivant la quantité d'argent qui se trouve en contact avec l'hyposulfite. D'ailleurs, ainsi que l'expérience le démontre, ces réactions sont exactement les mêmes, que l'on considère le nitrate ou le chlorure; elles sont seulement plus rapides avec le premier qu'avec le second.

D'abord, une partie de l'hyposulfite de soude, agissant sur le sel d'argent, forme de l'hyposulfite AgO, S^2O^2; mais celui-ci, rencontrant un excès de sel de soude, forme immédiatement le sel double $(AgOS^2O^2)(NaOS^2O^2)^2$ qui, très-soluble dans l'eau, et à fortiori dans l'hyposulfite, se dissout immédiatement. Considérons, par exemple, le cas où l'épreuve préalablement lavée à l'eau, ne porte plus que du chlorure d'argent; la formule suivante nous rendra compte du phénomène qui vient de s'accomplir :

$$(\beta) \quad \begin{cases} 3(S^2O^2NaO, 5HO) + AgCl \\ = (S^2O^2NaO)^2 S^2O^2 AgO + NaCl + 5HO. \end{cases}$$

Ce sel une fois formé, si de nouvelles épreuves, c'est-à-dire de nouvelles quantités de chlorure d'argent viennent à être présentées à la solution ainsi obtenue, le sel $AgOS^2O^2 (NaOS^2O^2)^2$ tendra à former le composé $AgOS^2O^2$, $NaOS^2O^2$ d'après la réaction

$$(\gamma) \quad \begin{cases} 2(S^2O^2NaO)^2 S^2O^2 AgO + AgCl \\ = 3(S^2O^2NaO)(S^2O^2AgO) + NaCl. \end{cases}$$

Mais ce composé $(S^2O^2NaO)(S^2O^2AgO)$ est insoluble dans l'eau : il tendra donc à se déposer à l'état de cristaux sur les parois du vase où l'on opère, si la liqueur est abandonnée au repos, à l'état pulvérulent au sein même de la feuille ou dans la liqueur, si, comme dans le cas d'un fixage ordinaire, la liqueur est fréquemment agitée.

A partir de ce moment, un danger considérable se manifestera : d'une part, en effet, comme nous l'avons montré en définissant ce sel double, il est, au sein de l'eau, très-aisément décomposable en sulfure d'argent et en acide sulfurique susceptible d'engendrer un dépôt de soufre; d'autre part, si l'on vient à mettre ce sel en présence d'une nouvelle quantité de sel d'argent, il formera de l'hyposulfite d'argent libre

$$(\delta) \; (S^2O^2NaO)(S^2O^2AgO) + AgCl = (S^2O^2AgO)^2 + NaCl,$$

et, comme nous le savons déjà, cet hyposulfite d'argent tendra aussitôt à se décomposer d'après la réaction

$$S^2O^2AgO + HO = AgS + SO^3HO.$$

Les réactions précédentes établissent de la façon la plus nette que l'on ne saurait présenter à une même quantité d'hyposulfite des quantités indéfinies de chlorure d'argent, et qu'il existe à la solubilité de celui-ci une limite de saturation qu'il est important de déterminer. En résumé, la question peut être précisée en ces termes :

Toutes les fois que le fixage par l'hyposulfite de soude sera fait dans des conditions telles, que l'hyposulfite d'argent ou le deuxième sel double (S^2O^2AgO) (S^2O^2NaO) subsistent même quelques instants au contact de la feuille sans pouvoir se dissoudre dans un excès d'hyposulfite, ceux-ci se décomposeront au sein même de la feuille suivant la réaction (α), et, par suite de la formation d'acide sulfurique, donneront lieu à la décomposition de 1 équivalent d'hyposulfite de soude,

$$SO^3 + S^2O^2NaO = SO^3, NaO + SO^2 + S.$$

Le soufre ainsi formé se déposera sur l'épreuve côte à côte avec le sulfure d'argent, de telle sorte que non-seulement une partie de l'argent recouvrant l'épreuve sera sulfurée au sortir de ce bain, mais qu'en outre elle emportera une deuxième quantité de soufre, qui, peu à peu sulfurant l'argent non attaqué, altérera l'épreuve, et la fera passer par suite d'une sulfuration plus considérable.

C'est donc de la recherche des conditions dans lesquelles ces accidents peuvent se produire que nous devons nous occuper. Les unes sont accidentelles, les autres se produisent normalement lorsqu'un même bain est employé au fixage d'un trop grand nombre d'épreuves. Examinons successivement les unes et les autres.

Lorsqu'une épreuve au sortir du châssis est plongée directement dans le bain fixateur, elle doit être immédiatement agitée, et cette agitation répétée de temps à autre. Cette précaution devient surtout d'une très-haute importance si l'épreuve n'a pas été lavée à l'eau et renferme encore du nitrate.

Le raisonnement indique, en effet, et l'expérience démontre que le nitrate d'argent *soluble* agit sur l'hyposulfite plus rapidement que le chlorure *insoluble*; dans le premier cas, une très-grande quantité d'hyposulfite d'argent se formant au contact de la feuille, et ne rencontrant pas une quantité assez considérable d'hyposulfite de soude pour se dissoudre, se précipite et se décompose ensuite, ainsi que nous venons de le dire.

Si dans un même bain un grand nombre de feuilles sont placées presque au contact, sans qu'un certain intervalle les sépare et permette, lorsqu'on agite la cuvette, à l'hyposulfite de soude de se renouveler autour de chacune d'elles, le même accident se présente, et dans ce cas, comme dans le premier, les épreuves sont très-probablement perdues.

Un accident du même ordre, mais local, se produit lorsqu'une bulle d'air reste intercalée sous la feuille que l'on prétend fixer. Alors, en effet, l'hyposulfite de soude s'élève par capillarité à travers les fibres de la feuille correspondantes à la bulle d'air, vient former dans sa pâte même de l'hyposulfite d'argent qui, ne pouvant se dissoudre, se décompose immédiatement sur place, et forme ces taches jaunes que les photographes ne connaissent que trop.

Arrivons maintenant à la cause normale de décomposition du bain d'hyposulfite, c'est-à-dire à la saturation de ce sel par les composés argentiques. D'après ce qui précède, cette limite de saturation est facile à établir; en effet, ainsi que nous l'ont montré les réactions précédentes, le danger n'apparait théoriquement qu'au moment où le composé $(AgOS^2O^2)(NaOS^2O^2)$ insoluble et aisément décomposable parait devoir se former. Or, ce moment est facile à préciser, il résulte des deux réactions (β) et (γ) qui, combinées, peuvent se résoudre de la manière suivante :

$$S^2O^2NaO, 5HO + AgCl$$
$$= S^2O^2AgO, S^2O^2NaO + NaCl + 5HO.$$

Si l'on applique le calcul à la formule précédente, on reconnaît que, pour que cette réaction se produise, il faut faire intervenir 1 gramme d'hyposulfite et $0^{gr},38$ de chlorure d'argent. C'est donc seulement lorsque l'hyposulfite de soude employé aura dissous le tiers environ de son poids de chlorure d'argent, que l'épreuve courra le risque de se charger en soufre d'une manière normale (1). C'est là certes une proportion considérable ; les photographes ne l'atteignent jamais, car elle correspond au fixage de quinze grandes feuilles environ dans 1 litre d'hyposulfite à 10 p. 100. Aussi aurait-on peine à comprendre l'altération rapide des bains employés au fixage, si une cause nouvelle et d'une grande importance n'intervenait pour hâter leur décomposition ; nous voulons parler de l'action de la lumière.

Action de la lumière. — Si l'on dissout dans l'hyposulfite de soude du chlorure d'argent en proportions très-différentes, variant depuis 1 centième de son poids jusqu'à dépasser de beaucoup le point de la saturation, c'est-à-dire le tiers du poids [dans ce dernier cas, on voit se précipiter beaucoup de sel cristallisé $(AgOS^2O^2)(NaOS^2O^2)$], et si l'on divise en deux chacune des liqueurs, la moitié de chacune d'elles restant exposée à la lumière, tandis que l'autre moitié est maintenue dans une obscurité complète, on reconnaît qu'au bout d'un temps plus ou moins long, variant de quelques heures à plusieurs journées, toutes ces solutions exposées à la lumière se troublent et se décomposent en déposant du sulfure d'argent.

Celles au contraire qui ont été maintenues dans une obscurité complète ne subissent aucune altération, et même au bout de quatre à cinq mois elles sont encore aussi limpides qu'au moment où elles ont été préparées.

Cette action de la lumière, action inconnue jusqu'ici, parait être au point de vue de la décomposition du bain de la plus haute importance ; elle est si marquée d'ailleurs, que dans une chambre où la lumière jaune pénètre seule, elle finit même par se faire sentir, tout en restant, bien entendu, de beaucoup inférieure à ce qu'elle est en pleine lumière. C'est à elle, bien plus qu'à la limite de la saturation de l'hyposulfite de soude par les composés argentiques, que sont dues ces solutions que les photographes désignent sous le nom d'hyposulfites vieux,

---

(1) Toutefois dans la pratique on comprend que si on emploie un hyposulfite de soude qui approche de son point de saturation par l'argent, la quantité d'hyposulfite nécessaire pour le fixage est disséminée dans une grande masse d'eau et ne peut agir que faiblement, tandis que le sel d'argent est réuni en excès en quelque sorte sur un point, et peut en ce point amener une décomposition rapide, puisque là l'hyposulfite est sursaturé.

et ces solutions, ainsi que nous l'avons montré dans de précédents Mémoires, ne sont autre chose que des agents de sulfuration de l'épreuve, et doivent, par suite, concourir plus ou moins rapidement à son altération.

Elle entraîne, pour les photographes désireux de préparer des épreuves d'une conservation certaine, la nécessité de s'astreindre à des précautions nouvelles qui peuvent se résumer de la manière suivante :

1°. Opérer autant que possible à la lumière diffuse, et non en pleine lumière ; couvrir autant que possible la cuvette où s'accomplit le fixage avec une planchette, un carton, un objet quelconque capable d'intercepter les rayons lumineux ;

2°. N'employer qu'une seule fois la même solution d'hyposulfite.

Quelques mots suffiront pour expliquer le motif et la valeur de ces précautions nouvelles.

Occupons-nous d'abord du premier point. La lumière agit avec assez de rapidité sur les solutions d'hyposulfite d'argent dans l'hyposulfite de soude pour que, si elles sont concentrées, quelques heures suffisent pour y faire paraître un précipité de sulfure d'argent. Or ce précipité qui se forme au sein de la liqueur doit, avec une plus grande rapidité, se former au contact de la feuille insolée : la décomposition extrêmement rapide de l'hyposulfite double S^2O^2NaO, S^2O^2AgO en présence de l'eau et sous l'action de la lumière, nous en est une excellente preuve. Il y a donc un danger réel à laisser, ne fût-ce que quelques heures, un bain fixateur exposé à l'action lumineuse, surtout si celle-ci est énergique et si le bain est déjà chargé en sel d'argent.

Quant au deuxième point, il est peut-être plus important encore que le premier. Sous l'influence des rayons solaires, la solution de sel d'argent dans l'hyposulfite subit, comme nous venons de le montrer, une décomposition ; mais une fois commencée à la lumière, cette action paraît se continuer dans l'obscurité. L'analyse chimique donne raison de ce fait ; en effet, en examinant avec soin la composition des bains insolés, on reconnaît que la précipitation du sulfure d'argent est accompagnée de la formation d'acides de la série thionique, qui, saturant d'abord la soude de l'hyposulfite détruit, ne tardent pas à se décomposer d'eux-mêmes, en donnant naissance à de

nouvelles quantités de sulfure d'argent qui, se déposant d'une
manière successive et continue, finiraient par enlever au bain
tout l'argent qu'il renferme. De telle sorte qu'un bain fixateur
renfermant des sels d'argent, après avoir subi l'action lumineuse pendant un certain nombre d'heures, emporte dans
l'obscurité des composés sulfurants, des thionates, qui, s'il était
mis au contact d'une nouvelle épreuve, entraîneraient la sulfuration au moins partielle de celle-ci.

Les considérations qui précèdent expliquent et justifient,
nous le croyons du moins, les précautions que nous avons conseillées, et qui consistent d'une part à se mettre pendant le
fixage, autant que possible, à l'abri de la lumière, d'une autre
à ne jamais employer qu'une seule fois un bain fixateur.

Addition d'acides au bain fixateur. — La dernière cause de
l'altération des bains fixateurs et, par suite, des épreuves qui
y sont plongées, est due à l'addition au bain de certains acides,
tels que l'acide acétique. Cette méthode, préconisée il y a quelques années, est à peu près abandonnée aujourd'hui ; aussi
nous en occuperons-nous peu, et ne ferons-nous presque que
la citer pour mémoire. Un bain fixateur préparé de cette façon
amène nécessairement, d'après la réaction

$$C^4 H^4 O^4 + S^2 O^2 NaO = C^4 H^3 O^3 NaO + SO^2 + HO + S,$$

un dépôt de soufre sur l'épreuve. Ce dépôt, qui se forme avec
une certaine lenteur, est plus ou moins considérable, suivant
la proportion d'acide employée, mais il est constant, et la
présence simultanée du soufre et de l'argent sur l'épreuve
amène nécessairement, dans un temps plus ou moins long,
l'altération de celle-ci. Ce procédé doit donc être repoussé
d'une manière absolue.

Après avoir examiné, comme nous venons de le faire, si les
différents fixateurs usités en photographie abandonnent aux
épreuves quelque substance capable d'influer sur leur solidité,
nous devons rechercher quelle action ces mêmes fixateurs
exercent sur leurs parties colorées. C'est la troisième question
du programme que nous nous sommes tracé ; elle a surtout
pour but d'examiner si ces agents, suivant l'expression tech-

nique, *rongent* les ombres et surtout les demi-teintes de l'é-
preuve.

Dans une étude de ce genre, une simple comparaison établie
entre des épreuves à tons variés ne suffit pas; l'appréciation,
en effet, devient trop difficile et repose sur des différences trop
délicates à saisir. Cependant, en faisant simplement appel à ce
mode d'investigation, on observe des faits qui peuvent fournir
quelques indications.

On sait, par exemple, qu'en abandonnant une épreuve photographique dans une solution de cyanure de potassium suffisamment concentrée, on la voit disparaître en entier par suite
de la dissolution de toute la partie colorée dans l'agent fixateur. Au contraire, lorsqu'une épreuve est plongée dans l'ammoniaque, on la voit après le fixage augmenter plutôt que diminuer d'intensité, et même, si on l'abandonne longtemps au
contact de ce fixateur, on voit les blancs se teinter d'une manière peu intense, il est vrai, mais néanmoins sensible. Enfin,
si le fixateur employé est l'hyposulfite de soude, aucun effet
apparent ne semble se manifester dans les circonstances ordinaires. Mais nous le répétons, ce ne sont là que des apprécia-
tions très-imparfaites, et nous avons dû, pour éclaircir cette
question importante, l'étudier sous un autre point de vue.

Nos expériences ont précédemment établi qu'après un fixage
convenable l'épreuve se trouvait formée de deux substances
différentes et mélangées en proportions variables : l'argent
métallique et la combinaison argentico-organique; ce sont
elles et elles seules qui constituent les parties colorées de l'é-
preuve; c'est donc sur elles que les réactifs ordinaires, après
avoir fixé l'épreuve, peuvent exercer une action postérieure de
dissolution. Partant de ce fait, nous nous sommes proposé de
rechercher si, indépendamment de toute circonstance accessoire, les agents fixateurs pouvaient exercer sur ces deux substances une action dissolvante. Dans ce but, nous avons préparé d'une part de l'argent métallique par la réduction du
chlorure seul à la lumière, d'une autre de la matière argentico-
organique en plaçant dans les mêmes circonstances une solution amidonnée renfermant en suspension du chlorure d'argent.
Les précipités obtenus de part et d'autre ont été, bien entendu, fixés après l'action de la lumière. Ainsi fixés, ils ont
été placés dans des solutions de cyanure de potassium à 2 pour

100 d'ammoniaque concentrée, et d'hyposulfite de soude à 10 pour 100; puis, au bout de divers laps de temps, nous avons recherché la présence de l'argent dans les solutions qui les surnageaient. En opérant de cette façon, nous avons pu observer dans leur mode d'action des différences importantes.

Occupons-nous d'abord du cyanure de potassium. Ce réactif attaque et dissout l'argent métallique aussi bien que la combinaison argentico-organique, mais il agit sur le premier beaucoup plus vite que sur la seconde. Après un jour de contact, la solution qui surnage l'argent métallique renferme déjà des quantités notables de ce métal; celle qui surnage la combinaison organico-argentique en renferme également, mais en moindre quantité; au bout de deux ou trois jours seulement, le résultat obtenu avec cette dernière équivaut à celui que fournit le premier. Ces faits, observés dans des circonstances nettes et précises, nous font comprendre pourquoi la photographie positive ne peut utiliser les énergiques propriétés dissolvantes du cyanure de potassium; cet agent fixe fort bien, fort rapidement, mais l'action qu'il exerce sur les parties colorées exige dans son emploi trop de soins, trop de précautions. C'est en somme un réactif dangereux.

L'action exercée par l'ammoniaque est toute différente. Nous avons insisté déjà (p. 68) sur la coloration particulière que, par un phénomène de teinture, ce réactif communique à la combinaison argentico-organique; mais il est un autre point de vue, extrêmement important en pratique, sur lequel nous devons appeler l'attention. Lorsqu'on laisse en contact, soit de l'argent, soit de la combinaison argentico-organique avec de l'ammoniaque concentrée, on reconnaît que, même après huit jours de contact, l'ammoniaque n'a enlevé ni à l'une ni à l'autre de ces substances la plus petite trace d'argent; d'où l'on peut conclure que l'ammoniaque ne dissout, en aucune façon, les parties colorées de l'épreuve; mais un phénomène curieux se produit en même temps; en effet, quelque soin que l'on prenne, la liqueur ammoniacale qui surnage les deux précipités ne s'éclaircit jamais, elle reste constamment opaline et semble tenir en suspension un précipité jaunâtre à peine perceptible, comme si, dissolvant tout d'abord une petite quantité d'argent, l'ammoniaque la laissait déposer immédiatement à l'état de combinaison ammoniacale. De là découle l'explication de l'influence que le fixage à l'ammoniaque exerce quelquefois sur les parties blanches de l'épreuve en leur communiquant une teinte légèrement jaunâtre. On peut, en effet, l'attribuer à la formation de ce précipité jaune que nous avons pu observer constamment dans les liqueurs ammoniacales qui surnagent, soit l'argent métallique, soit la combinaison argentico-organique. Au moment où l'épreuve est plongée dans l'ammoniaque, les parties non colorées se dissolvent rapidement, mais si le séjour est prolongé, une action s'établit entre la couche colorée et l'alcali, action qui se traduit par la formation d'un précipité qui vient se déposer également sur toutes les parties de la feuille.

Quant à l'hyposulfite de soude neuf, il agit sur les parties colorées de l'épreuve, non pas comme l'ammoniaque, mais dans le même sens que le cyanure de potassium. Mis en contact, à l'état de dissolution, avec l'argent et la matière organico-argentique, il finit par attaquer et dissoudre partiellement l'un et l'autre; seulement, et l'expérience quotidienne des photographes le prouve d'ailleurs, il agit avec beaucoup moins d'énergie que le cyanure même étendu. Néanmoins son action est très-sensible, elle justifie l'expression vulgaire : l'hyposulfite mange l'argent, et indique, à priori, même avant toute combinaison de fixage, la nécessité de ne point laisser trop longtemps les épreuves dans le bain fixateur. Nous aurons soin, dans un prochain paragraphe, d'établir le laps de temps approximativement nécessaire pour fixer avec des solutions diversement concentrées d'hyposulfite de soude.

Résumant donc ce qui précède, nous dirons : Le cyanure de potassium, même étendu, enlève rapidement les parties colorées de l'épreuve; l'ammoniaque ne les dissout pas, mais au bout d'un certain temps cet alcali vient teindre en jaune, au moyen d'un composé argentique, les blancs de l'épreuve; quant à l'hyposulfite de soude, il attaque les parties colorées de l'épreuve, mais cette action ne se produit qu'à la longue.

Tels sont les faits principaux que nous ont permis de reconnaître les recherches que nous avons entreprises relativement à l'action exercée par les fixateurs sur l'épreuve. Bientôt, les groupant ensemble, nous chercherons à déduire, des conséquences qu'ils entraînent, la méthode de fixage la plus sûre et la plus rationnelle.

§ IV. — *Action de l'épreuve sur le fixateur.*

Cette partie de notre travail, dont le but principal est la recherche des causes qui amènent l'altération des bains, semblait, au premier abord, devoir nous présenter de grandes difficultés, mais les recherches que nous venons de relater dans le paragraphe précédent simplifient beaucoup les phénomènes que nous y devons étudier.

En effet, après avoir abandonné pour toujours le cyanure de potassium, il ne nous reste plus à examiner, au point de vue de l'altération des bains fixateurs, que l'ammoniaque et l'hyposulfite de soude. Or le premier cas ne présente aucune difficulté; quant au second, les faits établis précédemment en rendent l'examen facile.

Occupons-nous d'abord de l'ammoniaque. Après avoir servi à fixer même un grand nombre d'épreuves, ce réactif n'a subi aucune décomposition chimique; une simple dissolution de sels d'argent dans l'ammoniaque a eu lieu, sels d'argent que le bain emporte lorsqu'il a cessé d'être en contact avec les épreuves. Mais cette dissolution ne peut être indéfinie, elle a des limites; c'est ainsi que l'ammoniaque du commerce dissout par litre environ 60 grammes de chlorure d'argent, mais cette quantité de sel dissous est intimement liée à la concentration du réactif; moins riche en alcali, celui-ci dissout moins de chlorure. Aussi, lorsque le bain a acquis son point de saturation, devient-il d'un emploi dangereux. En effet, si l'on passe alors une épreuve dans une pareille solution, celle-ci dissoudra bien encore l'azotate d'argent, mais ne pourra plus dissoudre le chlorure, et dès lors elle fixera d'une manière incomplète. Bien plus, si le bain, sans être précisément saturé, est néanmoins près du point de saturation, il pourra se faire que pendant le temps même où l'épreuve est à son contact, l'ammoniaque s'évapore partiellement et que, par suite, le bain étant moins énergique devienne apte à dissoudre une moindre quantité de chlorure d'argent. Ce sel se déposera alors soit sur l'épreuve, soit au sein même du papier; les lavages postérieurs à l'eau ne pourront l'enlever, et lorsque l'image se trouvera ensuite exposée à la lumière, il noircira et viendra en colorer les blancs. Aussi l'ammoniaque, outre la gêne que cause son odeur, outre l'action fâcheuse qu'elle exerce sur l'encollage des épreuves, présente-t-elle dans son emploi quelques autres inconvénients. Les bains d'ammoniaque peuvent, aussi bien que ceux d'hyposulfite, devenir vieux; ils délivrent de tout danger de sulfuration, mais exposent à celui d'un dépôt de chlorure d'argent dans les blancs.

Il est possible cependant d'éviter ces inconvénients, d'une part en déterminant pour chaque concentration les quantités de chlorure et de nitrate d'argent que l'ammoniaque peut dissoudre, de l'autre en ne laissant jamais séjourner l'épreuve assez longtemps au contact du bain pour que l'évaporation amène un dépôt.

Quant à l'hyposulfite de soude, l'influence que l'épreuve exerce sur lui est facile à déterminer. Elle résulte immédiatement des trois premiers points que nous avons examinés dans le § III. Si l'épreuve n'a pas été débarrassée de l'acide nitrique, le bain sera partiellement décomposé, ainsi qu'il est indiqué page 69; mais le soufre précipité, s'il ne se dépose pas entièrement sur l'épreuve, réagira au sein même du bain sur une quantité correspondante de l'hyposulfite d'argent AgO, S^2O^2, qui s'y trouve dissous, il formera alors du sulfure d'argent, et par suite, mettant alors en liberté l'acide hyposulfureux, il donnera naissance à la précipitation d'une nouvelle quantité de soufre qui réagira à son tour, et ainsi de suite. De telle sorte que, grâce à des quantités même très-faibles d'acide nitrique, le bain s'épuisera de lui-même, son argent se précipitant peu à peu à l'état de sulfure, et le bain lui-même se trouvant dans un état tel, qu'il doit être nécessairement rejeté.

Après avoir fixé un certain nombre d'épreuves, le bain est chargé en hyposulfite d'argent; cependant, en général, il est loin d'en être saturé, et dès lors il semble qu'il puisse être conservé pour de nouvelles opérations, mais ce serait là une mauvaise pratique. En effet, d'une part, la solution du sel d'argent dans l'hyposulfite, tout en étant susceptible de se produire dans la proportion d'un tiers du poids de ce dernier, s'effectue moins rapidement lorsque l'hyposulfite commence à être chargé, et dès lors il est plus à craindre que l'hyposulfite d'argent, AgO, S^2O^2, ou même le sel double,

$$AgO, S^2O^2, NaO, S^2O^2,$$

ne subsiste quelque temps à l'état solide au contact de la feuille; d'une autre, l'action de la lumière, ainsi que nous l'avons vu, a pu modifier la composition chimique de ce bain; au sein du liquide, si la lumière l'a impressionné, se sont formés des acides de la série thionique qui, même dans l'obscurité, produisent des décompositions successives et continues, et peu à peu précipitent à l'état de sulfure d'argent le métal que le bain renfermait. De là ces bains qui, limpides après un premier fixage, ne tardent pas à se troubler et à couvrir de dépôts miroitants de sulfure d'argent les flacons qui les renferment; de là aussi la nécessité de n'employer les bains fixateurs qu'une seule fois.

Lorsqu'une solution d'hyposulfite de soude est arrivée à cet état de décomposition continue, elle doit être, non pas filtrée, mais nécessairement rejetée, car après filtration la décomposition reprendrait son cours, le sulfure d'argent se déposerait de nouveau.

Telles sont les principales modifications que l'épreuve amène dans la composition du bain fixateur; elles ont, ainsi qu'on peut le prévoir, une grande influence sur la valeur des opérations. Aussi consacrerons-nous un paragraphe spécial à l'étude des conditions pratiques dont les études précédentes ont indiqué la nécessité.

§ V. — *Conditions pratiques du fixage.*

Nous avons démontré, par ce qui précède, que, parmi les fixateurs divers qu'on peut employer en photographie, le meilleur est l'hyposulfite de soude; toutefois on ne peut pas dire qu'il soit bon d'une manière absolue, car des causes nombreuses peuvent en amener la décomposition, et par suite entraîner l'altération des épreuves.

Ces causes de décomposition sont :

1°. La présence de l'acide nitrique sur la feuille insolée;

2°. La saturation totale de l'hyposulfite de soude par les sels d'argent;

3°. L'action de la lumière solaire ou diffuse;

4°. La saturation locale ou accidentelle résultant de bulles d'air interposées, de feuilles collées les unes aux autres, de feuilles à moitié immergées, d'hyposulfite de soude trop faible, etc.;

5°. La présence du soufre libre ou de composés thioniques amenée par une décomposition antérieure ;

6°. L'addition volontaire ou accidentelle d'un acide quelconque.

On doit donc en pratique se mettre à l'abri, autant que possible, de ces causes d'altération, et nous allons étudier les conditions rationnelles d'un bon fixage en prenant la feuille positive au sortir du châssis, et en faisant observer que jusqu'ici nous ne nous préoccupons nullement du virage.

Modifications que doit subir la feuille avant le fixage. — Le premier soin doit être d'éviter les grandes marges noires solarisées en les coupant ou, ce qui est plus facile, en mettant dans le châssis une feuille de papier noir ou jaune dans laquelle on a découpé l'espace correspondant au cliché. On empêche ainsi l'action que les marges solarisées auraient inutilement sur les bains successifs et surtout sur les bains de virage aux sels d'or qu'elles altéreraient beaucoup plus que tout le reste de l'épreuve.

La feuille positive sortant du châssis renferme d'une part du chlorure d'argent, de l'argent métallique et une combinaison d'argent et de matière organique : ces trois composés sont insolubles et n'ont pas une action immédiate sur l'hyposulfite de soude ; d'autre part elle renferme du nitrate d'argent dont l'action est très-rapide et de l'acide nitrique libre dont l'action est immédiate ; il est facile d'éliminer ces deux derniers corps ou de les rendre inoffensifs. Il suffit pour cela de laver la feuille dans un premier bain d'eau et de la plonger ensuite dans un second bain composé de :

<pre>
Bicarbonate de soude...........   1 partie.
Chlorure de sodium............   5   »
Eau.......................... 100   »
</pre>

La réaction se fait immédiatement sur ce qui peut rester de composés solubles, le nitrate d'argent est transformé en chlorure d'argent, et l'acide nitrique en nitrate de soude. On peut aussi employer simplement une solution de bicarbonate de soude dans l'eau, le nitrate d'argent est alors transformé en carbonate insoluble, et la neutralisation de l'acide nitrique est la même ; mais il faudrait dans ce cas, surtout si on ne commençait pas par un lavage à l'eau, augmenter la dose de bicarbonate alcalin, et celui-ci pourrait agir sur l'encollage; mieux vaut donc l'employer faible et mélangé à un excès de chlorure de sodium (1).

L'emploi du lavage préalable à l'eau pure permet de fixer pour un même poids d'hyposulfite de soude une quantité double d'épreuves, mais si l'on trouve que ce lavage vienne compliquer l'opération, on peut le supprimer et passer immédiatement l'épreuve dans la solution de bicarbonate de soude et de sel; l'argent passant ainsi de l'état soluble à l'état insoluble n'a plus sur le bain d'hyposulfite de soude d'autre action nuisible que de le saturer plus rapidement.

Concentration du bain d'hyposulfite de soude. — Nous savons théoriquement que la solution d'hyposulfite de soude doit être concentrée; il faut qu'elle agisse rapidement et que l'hyposulfite d'argent soit dissous aussitôt que formé dans la pâte du papier. Nos essais ont porté sur des solutions à 5, 10, 15, 20 pour 100 ; ce dernier titre nous a paru donner les meilleurs résultats, et nous nous y sommes arrêtés, bien qu'il n'ait rien d'absolu : c'est un titre moyen qu'on peut un peu diminuer ou augmenter au besoin sans inconvénient. On filtre cette solution dans une cuvette assez grande pour que la feuille de papier ne touche pas les bords; la quantité de liquide doit être proportionnée au nombre d'épreuves que l'on veut y fixer ; en tous cas, celles-ci doivent nager librement.

Le fixage doit être fait soit dans une pièce éclairée par un jour jaune, soit à une très-faible lumière diffuse en recouvrant la cuvette. L'épreuve sortant du bain de bicarbonate de soude est plongée immédiatement dans l'hyposulfite, en évitant avec le plus grand soin les bulles d'air, les adhérences aux parois de la cuvette et toutes causes qui pourraient empêcher le contact du liquide sur les deux faces.

On peut mettre plusieurs épreuves ensemble dans le bain fixateur, mais il est préférable d'en mettre le moins possible; on évite ainsi cette saturation locale de l'hyposulfite de soude et les tons possèdent plus de fraîcheur. Nous n'en met-

---

(1) Nous nous sommes assurés par l'expérience directe que si l'on verse du nitrate d'argent dans un mélange de chlorure de sodium et de bicarbonate de soude, le précipité formé se compose presque exclusivement de chlorure et d'une minime proportion de carbonate d'argent.

tons que deux dos à dos : cela n'empêche pas un travail rapide, chaque feuille séjournant peu dans le bain.

Temps du fixage et son influence. — Dans toutes les expériences que nous avons faites, nous avons pu constater qu'après dix minutes d'immersion dans la solution d'hyposulfite de soude, les épreuves préparées dans les données ordinaires, même sans lavage préalable à l'eau pure, étaient parfaitement fixées ; ce n'est donc que dans des circonstances exceptionnelles, comme l'emploi de papiers excessivement épais, de bains concentrés de chlorure soluble ou de nitrate d'argent, qu'on doit étudier pendant combien de temps il convient de prolonger le fixage, qui doit dans tous les cas, ainsi que l'a dit déjà M. Legray, être le plus court possible. Un séjour trop prolongé de l'épreuve dans l'hyposulfite de soude aurait un double effet également fâcheux : d'abord ce réactif en altérerait la fraîcheur, détruirait en partie les demi-teintes ; puis, après le fixage, rendrait le virage sinon impossible, du moins très-difficile et moins beau. Si l'image est trop vigoureuse, il ne faut donc pas l'affaiblir par une immersion prolongée dans l'hyposulfite de soude, mais employer tout autre procédé (1) soit avant, soit après le fixage.

Quantité d'épreuves que l'on peut fixer dans un même bain. — Si dans une même solution d'hyposulfite de soude on fixait un nombre d'épreuves capable d'en amener la saturation, le temps du fixage, que nous avons évalué à dix minutes, deviendrait de plus en plus long à mesure que l'on arriverait vers le point de saturation ; mais la prudence exige qu'on ne présente à un même bain qu'une quantité de sels d'argent bien inférieure à celle qui peut le saturer. Or, le point de saturation de 100 d'hyposulfite de soude est 38 de chlorure d'argent (ou son équivalent), ce qui peut correspondre environ à huit ou neuf grandes feuilles 44×57 si elles n'ont pas subi le premier lavage, et le double si l'on a pris cette précaution.

Cependant, par excès de prudence, nous conseillons de ne point dépasser dans la pratique la moitié de ce nombre, et de ne mettre au contact de 100 grammes d'hyposulfite que la quan-

---

(1) La solution très-faible de cyanure de potassium ioduré proposée par M. Humbert de Molard donne d'excellents résultats ; on peut employer également une solution faible de cyanure de potassium, d'hypochlorite de chaux, ou une solution concentrée de chlorure de sodium.

tité d'épreuves représentant quatre grandes feuilles 44×57.

Dans le but de vérifier l'exactitude de ces indications théoriques, nous avons pris quatre de ces feuilles, et après les avoir divisées en seize feuilles égales que nous avons salées, sensibilisées, insolées à la manière ordinaire, nous les avons fixées dans une solution de 100 grammes d'hyposulfite de soude pour 500 grammes d'eau (solution à 20 pour 100). Les épreuves ont été passées d'abord dans un bain de bicarbonate de soude, puis deux à deux dans l'hyposulfite où elles n'ont séjourné que dix minutes. Après lavage et séchage, nous avons pu constater que les blancs de la première et de la dernière étaient parfaitement purs, et que ces deux épreuves paraissaient exactement dans les mêmes conditions. La solution d'hyposulfite de soude a été filtrée après ce fixage pour enlever un léger dépôt de carbonate de chaux produit par un peu de bicarbonate de soude ; elle avait une teinte un peu jaune, indice d'un commencement de décomposition qui provenait sans doute de ce que, malgré tous les soins au moment où l'hyposulfite de soude pénètre dans le papier, il se trouve en présence d'un excès de sels d'argent. Aussi le bain qui a servi pour une opération ne doit-il plus être employé ultérieurement, et faut-il le mettre aux résidus.

Nous pouvons donc dire que 100 grammes d'hyposulfite de soude en solution dans 500 d'eau peuvent suffire pour fixer successivement, mais d'une manière continue, une quantité d'épreuves équivalant à quatre feuilles entières, même quand on néglige le lavage préalable à l'eau pure, sur lequel nous insisterons moins du moment que le nitrate d'argent sera transformé en sel insoluble (1).

---

(1) Nous avons tenté de simplifier encore le fixage. Dans le cours de nos recherches, nous avons vérifié que si l'on ajoutait du bicarbonate de soude directement dans une solution d'hyposulfite de soude, l'action de l'acide nitrique se portait sur le bicarbonate avant de décomposer l'hyposulfite ; d'autre part, et dans un autre ordre de recherches, nous avons constaté que la présence du chlorure de sodium retardait beaucoup la décomposition de l'hyposulfite de soude argentifère, même en présence de la lumière ; de là l'idée bien simple de faire un seul bain composé, ainsi qu'il suit :

Eau.......................	500 gr.	
Bicarbonate de soude........	10	Filtrer la solution.
Sel commun...............	25	
Hyposulfite de soude........	100	

Il serait préférable de faire cette solution à l'avance et de la filtrer au moment

Lavage des épreuves. — On est souvent tombé dans une double exagération à propos du lavage des feuilles fixées, et tandis que quelques photographes, en voyant les épreuves s'altérer, prétendaient que cette altération était due à des restes d'hyposulfite de soude et proposaient alors des bains prolongés de vingt-quatre à quarante-huit heures, d'autres voyant de belles épreuves se perdre et jaunir par un séjour prolongé dans l'eau prétendaient, au contraire, que ce lavage altérait la pureté, l'éclat des épreuves, que les impuretés de l'eau commune en amenaient la destruction, qu'il fallait par conséquent opérer rapidement et peut-être avec de l'eau distillée.

Les essais que nous avons faits simplifient beaucoup cette question ; ils permettent d'expliquer la cause des exagérations dans les deux sens et de revenir dans la pratique à un lavage rationnel et facile.

Dans les circonstances ordinaires, il est rare que les épreuves s'altèrent par suite d'un restant d'hyposulfite de soude, et lorsque cette cause d'altération se manifeste, elle apparaît par taches rondes et jaunes qui détruisent l'image par places et vont s'agrandissant. Cette altération se produit dans un temps très-court, quelques semaines, souvent même quelques jours après le fixage. Mais lorsque l'image est détruite dans son ensemble et qu'elle passe peu à peu au jaune dans un temps indéterminé, suivant le milieu dans lequel elle se trouve, cette altération est due généralement à un fixage fait dans un hyposulfite de soude en voie de décomposition, et, dans ce cas, les lavages les plus prolongés ne font que hâter cette destruction.

Nous pouvons assurer d'autre part qu'une longue immersion dans l'eau ordinaire n'altère pas les épreuves, car nous avons préparé des épreuves, coupées par moitié, dont une partie a

---

de s'en servir pour séparer le précipité de carbonate de chaux qui ne se forme pas immédiatement.

Dans la quantité de bain indiquée ci-dessus, nous avons passé seize épreuves 21×27 au sortir du châssis, mais nous n'avons pas obtenu le même résultat qu'avec l'emploi des deux bains séparés ; le ton de l'épreuve est moins dur, il se fait un commencement de virage, le bain filtré immédiatement a sensiblement la même teinte que le premier ; toutefois après quarante-huit heures de repos, il a pris une teinte beaucoup plus foncée que le bain d'hyposulfite simple : il a donc une plus grande tendance à se décomposer, son emploi reste douteux et doit être sanctionné par la pratique. Il est probable que cette différence est due à l'action de l'acide carbonique qui se dégage dans le bain.

été lavée pendant trois heures et l'autre pendant quarante-huit heures; entre les unes et les autres il n'y avait aucune différence. L'expérience prouve qu'il ne faut pas davantage attribuer d'influence fâcheuse à la qualité de l'eau, du moment où il s'agit d'une eau ordinaire, car nous n'avons trouvé qu'une différence minime entre une moitié d'épreuve lavée à l'eau de rivière pendant trois heures et une moitié ayant séjourné quarante-huit heures dans une eau de puits très-crue, à laquelle nous avions ajouté assez de chlorure de sodium pour lui donner une saveur salée très-sensible; dans cette circonstance, cependant, les blancs se sont légèrement teintés. Un séjour de vingt-quatre heures dans l'eau peut exercer sur la pâte du papier une action fâcheuse, mais n'altère l'épreuve qu'autant que celle-ci est sortie d'un bain de fixage sulfurant; dans cette circonstance, l'eau agit en quelques heures comme l'humidité agirait dans un temps beaucoup plus prolongé, et elle détermine l'altération qui ne serait apparue qu'à la longue.

Le lavage peut donc être fait très-simplement si les épreuves ont été bien fixées; un excès n'est pas à redouter, mais il est inutile et on doit se borner à enlever l'hyposulfite de soude.

En général, il faut se servir de cuvettes ayant 8 à 10 centimètres de profondeur, y mettre de l'eau en grande quantité, la renouveler de demi-heure en demi-heure en déplaçant chaque épreuve l'une après l'autre; après la sixième eau on peut être sûr d'un lavage complet; mais on peut s'assurer s'il est terminé par un moyen très-simple employé précédemment par M. Bayard. Tous les photographes ont sous la main un réactif de l'hyposulfite de soude d'une exquise sensibilité : c'est le nitrate d'argent. Il suffit que l'eau contienne $0^{gr},005$ d'hyposulfite de soude par litre, c'est-à-dire 5 millionièmes de son poids, pour qu'un cristal de nitrate d'argent qu'on laisse tomber dans cette eau y détermine en deux ou trois minutes une tache jaune caractéristique de sulfure d'argent.

La manière la plus commode d'employer ce réactif est de soulever une épreuve hors du bain quand on pense le lavage terminé; on laisse tomber les dernières gouttes qui s'en écoulent dans une petite capsule de porcelaine ou tout autre vase à fond *blanc*, on y jette, sans agiter, un fragment de nitrate d'argent gros comme une tête d'épingle. S'il ne se fait pas en quelques instants de tache jaune ronde au fond de la capsule, ou si cette tache est à peine sensible, il suffit d'un dernier lavage comme surcroît de précautions; si la tache se montre tout de suite et passe rapidement au rouge, puis au noir, il faut encore deux ou trois lavages.

Abstraction faite du virage dont nous allons bientôt entreprendre l'étude, nous pensons que l'hyposulfite de soude employé comme nous venons de le recommander, est sans danger pour l'avenir des épreuves, et que celles qui seront faites dans ces conditions pourront durer un temps indéterminé si on les met à l'abri des influences atmosphériques, telles que les émanations sulfureuses ou autres agents qui peuvent altérer l'argent qui les recouvre.

§ VI. — *Emploi du sulfocyanure d'ammonium*

A côté des trois substances dont l'emploi a été jusqu'ici proposé pour le fixage des épreuves : le cyanure de potassium, l'ammoniaque caustique et l'hyposulfite de soude, est venu récemment se placer un sel rare jusqu'ici, mais dont plusieurs circonstances peuvent rendre la fabrication abondante et économique. Ce sel, dont M. Meynier, chimiste à Saint-Barnabé, près Marseille, a signalé les qualités, est le sulfocyanure d'ammonium ou sulfocyanhydrate d'ammoniaque.

L'examen des propriétés qui peuvent recommander ce corps au point de vue photographique devait nécessairement trouver place dans cette *Étude générale des épreuves positives*. Pour rendre cet examen profitable et permettre de comparer les qualités et les défauts du sel en question avec les qualités et les défauts correspondants des autres fixateurs, nous suivrons dans cette partie de notre travail la même marche que pour l'étude de l'hyposulfite, de l'ammoniaque, etc.

Propriétés du sulfocyanure d'ammonium. — Le sulfocyanure d'ammonium est un sel blanc, cristallisable, décomposable par une chaleur élevée, et extrêmement soluble dans l'eau et dans l'alcool. Considéré sous le rapport des décompositions qu'il peut subir par voie humide, ce sel se présente dans des conditions de stabilité très remarquables au point de vue du fixage.

En effet, les corps que les photographes ont le plus à redouter, au point de vue de l'altération des épreuves, sont ainsi que nous l'avons souvent répété, le soufre libre, l'hydrogène sulfuré ou les composés susceptibles de les produire. Or la chimie enseigne, et nous l'avons vérifié par de nouvelles expériences, que les agents réducteurs seuls, l'hydrogène naissant, le protosulfate de fer acidulé, etc., sont susceptibles de dégager, à l'état d'acide sulfhydrique, le soufre des sulfocyanures, et aucun de ces agents n'intervient en photographie positive.

Sans doute, les sulfocyanures ne sont pas inaltérables; abandonnés longtemps au contact de l'air, ils laissent déposer une poudre jaune, le sulfocyanogène, dont la formule n'est pas bien établie encore, mais que l'on peut toujours considérer comme du sulfure de cyanogène avec excès de soufre. D'un autre côté, les sulfocyanures alcalins, traités par les acides minéraux concentrés ou par le chlore, laissent déposer soit du sulfocyanogène en poudre, soit de l'acide persulfocyanhydrique en fines aiguilles jaunes. Mais les composés ainsi obtenus sont eux-mêmes excessivement stables, et l'on ne saurait, dans les conditions où se trouve placé le fixage photographique, en séparer le soufre, soit à l'état libre, soit à l'état d'hydrogène sulfuré. Quant aux sulfocyanures tels que le sulfocyanure d'argent, ils présentent une stabilité surprenante; ce corps peut être bouilli avec l'acide azotique, calciné même avec l'azotate de potasse, et, dans ces circonstances, ne s'altérer que par un contact très-prolongé avec ces réactifs.

Ainsi donc, au point de vue qui nous occupe, les sulfocyanures se présentent tout d'abord dans des conditions très-favorables; les acides minéraux étendus, les acides organiques même concentrés, le nitrate d'argent très-concentré, solide même, ne peuvent jamais donner avec les sulfocyanures des dégagements de soufre ou d'hydrogène sulfuré comparables à ceux que produit l'hyposulfite.

Action du fixateur sur l'épreuve. — Ceci posé, la première question qui se présente est celle-ci : Le sulfocyanure d'ammonium peut-il enlever à l'épreuve tous les composés argentiques? Nous n'hésitons pas à répondre affirmativement. On sait depuis longtemps que les sulfocyanures alcalins dissolvent les sels d'argent, et ce fait est consigné dans tous les traités de chimie; mais l'expérience nous a démontré que sa faculté dissolvante était plus absolue que celle de l'hyposulfite.

L'action de ce sel sur le nitrate et le chlorure d'argent est des plus nettes, et chacun peut en faire aisément la vérification. Qu'on prenne une solution d'azotate d'argent, qu'on y verse quelques gouttes de sulfocyanure alcalin, un précipité blanc de sulfocyanure d'argent apparaîtra ; qu'on ajoute ensuite un excès de réactif, le précipité disparaîtra promptement. Le chlorure d'argent, agité au sein d'une solution de sulfocyanure, se dissoudra de même.

La netteté de ces deux réactions nous a permis de passer outre rapidement, et nous avons pu alors porter toute notre attention sur la dissolution de l'albuminate d'argent. Nous avons reconnu que celle-ci était complète et que l'action du sulfocyanure était, à ce point de vue, plus énergique même que celle de l'hyposulfite de soude. D'une part, en effet, nous avons précipité de l'albumine par l'azotate d'argent, puis après avoir bien lavé le précipité à l'eau distillée, nous en avons traité à plusieurs reprises une moitié par le sulfocyanure d'ammonium, l'autre moitié par l'hyposulfite. Les précipités d'albumine insoluble restant après ce fixage ont été calcinés ; celui qui avait été traité par le sulfocyanure n'a fourni que des traces d'argent ; celui qui avait été soumis à l'action de l'hyposulfite de soude en a fourni des quantités très-notables. D'autre part, nous avons fixé comparativement, au moyen de ces deux agents, des feuilles albuminées que nous avons brûlées ensuite, et nous avons reconnu dans ce cas une différence de même nature, toute favorable à l'emploi du sulfocyanure. mais qui, nous nous hâtons de le dire, était moins marquée que dans le premier cas.

Ainsi donc, le sulfocyanure attaque l'albuminate d'argent plus énergiquement que l'hyposulfite de soude, et par suite il présente sur celui-ci une supériorité réelle au point de vue du fixage absolu des blancs des épreuves.

A la suite de cette première question vient s'en placer une deuxième non moins importante. Le sulfocyanure d'ammonium, lorsqu'il est employé dans des conditions convenables, n'abandonne à l'épreuve aucune partie de sa substance capable de l'altérer, soit immédiatement, soit à la longue. Il se comporte en cela comme l'hyposulfite de soude neuf, mais, de même que ce dernier, il expose à quelques dangers dans le cas où les manipulations n'auraient pas été conduites avec le soin néces-

7.

saire. Ces dangers consistent : 1° dans la précipitation d'une petite quantité de sulfocyanogène, soit au cas où, par hasard, quelque acide concentré se trouverait en présence au moment du fixage, soit au cas où le bain plein d'épreuves serait exposé au contact de l'air pendant un temps exagéré; 2° dans le séjour d'une faible proportion de sulfocyanure d'argent dans l'épreuve par suite d'un fixage incomplet. Dans le premier cas, le bain, se troublant, laisserait déposer une poudre jaunâtre, et l'épreuve se tacherait tout de suite; dans le second, le sulfocyanure d'argent, impressionnable à la lumière, ne tarderait pas à noircir; dans l'un et l'autre, le photographe se trouverait aussitôt averti, avantage qu'il est loin d'avoir avec l'hyposulfite, dont les effets fâcheux ne se font sentir qu'à la longue, et l'acheteur trouverait dans cette circonstance particulière une excellente garantie commerciale.

Limite de saturation du sulfocyanure d'ammonium. — L'étude de cette partie de la question, si complexe lorsqu'il s'agit de l'hyposulfite de soude, devient d'une grande simplicité pour le sulfocyanure. Au contact des sels d'argent, quels qu'ils soient, les sulfocyanures alcalins donnent naissance à un précipité blanc absolument insoluble dans l'eau, le sulfocyanure d'argent correspondant à la formule $C^2 AzS, AgS$. Ce sel se combine avec le sulfocyanure d'ammonium pour donner un sel double,

$$C^2 AzS, AgS + C^2 AzS, AzH^4 S,$$

incristallisable dans l'eau qui le décompose, mais cristallisant avec facilité dans un excès de sulfocyanure d'ammonium. Isomorphe avec celui-ci, le sel double en entraîne toujours une certaine proportion dans sa cristallisation, et nous avons pu ainsi obtenir des sels variant depuis la composition

$$2 (C^2 AzS, AgS) + 3 (C^2 AzS, AzH^4 S)$$

jusqu'à celui correspondant à la formule

$$C^2 AzS, AgS + 6 (C^2 AzS, AzH^4 S).$$

Entre les uns et les autres il n'existe d'autre différence de propriété que la décomposition instantanée des premiers par l'eau, opposée à la solubilité des derniers dans une très-mi-

mime quantité d'eau, une quantité plus grande de ce liquide amenant rapidement une décomposition identique, et séparant le sel double en sulfocyanure d'ammonium soluble et en sulfocyanure d'argent blanc et insoluble.

Cette décomposition du sulfocyanure double par l'eau est, ainsi que nous le verrons bientôt, en étudiant les conditions pratiques du fixage, un assez grave inconvénient en ce qu'elle force l'opérateur à soumettre chaque épreuve à deux fixages successifs et séparés par un lavage à l'eau.

Cette propriété amène également des variations notables dans la limite de saturation des solutions de sulfocyanure d'ammonium différemment concentrées, et il est bien évident à priori qu'une même quantité de sulfocyanure d'ammonium devra dissoudre d'autant moins de sels d'argent, de chlorure par exemple, qu'elle se trouvera elle-même dissoute dans une plus grande quantité d'eau. C'est ce que nous a montré l'expérience directe. Nous avons vu en effet que :

100 grammes de sulfocyanure d'ammonium dissous dans l'eau au volume de 100 centimètres cubes (c'est-à-dire à 100 pour 100) dissolvent 26 grammes de chlorure d'argent.

100 grammes de sulfocyanure d'ammonium dissous dans l'eau au volume de 200 centimètres cubes (c'est-à-dire à 50 pour 100) n'en dissolvent plus que $19^{gr},5$.

100 grammes de sulfocyanure d'ammonium dissous dans l'eau au volume de 400 centimètres cubes (c'est-à-dire à 25 pour 100) n'en dissolvent plus que $14^{gr},8$.

De telle sorte qu'il y aurait avantage et économie à dissoudre une quantité donnée de sulfocyanure d'ammonium dans le moins d'eau possible.

Conservation du bain. — Une considération importante qui doit fixer toute notre attention est celle-ci : les bains de sulfocyanure s'altèrent-ils comme ceux d'hyposulfite de soude, lorsqu'ils sont chargés de sels d'argent? L'expérience démontre que l'altération d'une solution de sulfocyanure est la même, qu'elle renferme ou qu'elle ne renferme pas d'argent. D'ailleurs les composés qui se forment alors ne sont, en aucune façon, de nature à altérer la solidité de l'épreuve; une petite quantité d'une poudre jaune sulfocyanogène se précipite, et l'on retrouve dans le bain une faible odeur de composés cyanurés.

Une simple filtration enlèvera le sulfocyanogène qui trouble ce bain, mais le cyanure d'ammonium y restera dissous. Peut-être ce composé, dont l'action sur l'épreuve est nécessairement énergique, pourra-t-il exercer sur la coloration de l'épreuve quelque influence bonne ou mauvaise. C'est ce que l'expérience apprendra ; mais ce que la théorie nous enseigne dès à présent, c'est qu'un bain de sulfocyanure n'acquiert, en vieillissant, aucun élément destructeur de l'épreuve. La stabilité des composés dont nous nous occupons est telle, que les bains de fixage pourraient même, sans danger, être acidulés par les acides acétique, tartrique, citrique, etc.

Conditions pratiques du fixage (1). — L'épreuve, avant d'être soumise au bain de sulfocyanure d'ammonium, doit être lavée dans les mêmes conditions qu'une épreuve destinée à l'hyposulfite. En enlevant ainsi tout l'azotate d'argent, on économisera le fixateur, mais là se bornera le rôle de ce lavage ; car, il faut le faire remarquer, la présence du nitrate en excès ne présente pas ici le même danger que dans le cas où l'on emploie l'hyposulfite : une goutte d'une solution de sulfocyanure peut impunément tomber sur l'épreuve nitratée sans y faire tache, les doigts imprégnés du fixateur n'y produisent de même aucune maculature, et l'on n'a, en un mot, à redouter aucun de ces accidents si communs avec l'hyposulfite de soude.

L'épreuve est ensuite immergée dans le bain fixateur : les conditions les meilleures nous paraissent celles d'un bain fait à la richesse de 30 à 40 de sulfocyanure pour 100 d'eau. Avec un bain fait dans ces proportions on pourra fixer, par chaque poids de 100 grammes de sulfocyanure, 3 ou 4 feuilles 44×57, préalablement lavées.

Le fixage peut être un peu plus rapide que lorsqu'on opère avec l'hyposulfite : cinq à six minutes de séjour dans le bain fixateur suffisent.

Au bout de ce temps, l'épreuve est sortie du bain fixateur, et plongée dans une cuvette d'eau ordinaire. Alors apparaît le seul inconvénient que présente le procédé nouveau ; le sulfo-

---

(1) Si le fixage de l'épreuve a lieu après virage, il sera bon de pousser celui-ci un peu plus que d'habitude, car le sulfocyanure d'ammonium paraît *ronger* un peu plus que l'hyposulfite de soude.

cyanure double dont le papier est imprégné se décompose, l'eau de la cuvette se trouble, du sulfocyanure d'argent insoluble se dépose, et de petites quantités de ce corps restent interposées dans la masse du papier. Pour en diminuer autant que possible la proportion, il faut prendre soin de bien laisser égoutter la feuille au sortir du bain de fixage.

Une deuxième opération est donc nécessaire pour faire disparaître les dernières portions d'argent que la feuille renferme encore; elle consiste à passer celle-ci de la même manière dans un bain semblable au premier. Au sortir de ce bain, l'épreuve est lavée à nouveau dans l'eau ordinaire, et l'on reconnaît que celle-ci ne se trouble plus, ce qui indique que la proportion de sel d'argent enlevée par le deuxième bain est tellement faible par rapport à la proportion de sulfocyanure d'ammonium, que le sel double ne se décompose plus par l'eau.

Si cependant cette décomposition se manifestait encore après le deuxième fixage (mais en pratique nous n'avons jamais rencontré cet inconvénient), il faudrait procéder à une troisième opération semblable.

Les quantités d'argent introduites par l'épreuve dans le deuxième bain de fixage sont d'ailleurs tellement faibles, que celui-ci peut encore passer pour un bain neuf, alors que le premier est saturé, et qu'il peut par suite venir en prendre la place et servir au fixage direct des épreuves lavées. C'est là, au point de vue économique, une considération importante.

Enfin on enlève par de simples lavages à l'eau les dernières traces de fixateur; ces lavages sont beaucoup plus courts que pour l'hyposulfite de soude, et il est facile d'en reconnaître le terme en ajoutant dans l'eau de lavage une goutte d'une solution d'un sel de peroxyde de fer qui produira, en présence du sulfocyanure alcalin, une couleur rouge de sang.

En résumé, le sulfocyanure d'ammonium, et en général les sulfocyanures alcalins, qui, ainsi que nous l'avons reconnu, se comportent exactement comme le sel dont M. Meynier a proposé l'emploi, présentent des avantages sérieux, dont les principaux sont : 1° la certitude de ne jamais produire de composés sulfurants, amenant peu à peu l'altération des épreuves; 2° l'absence de toutes craintes relatives à la production de taches sur les épreuves; 3° la conservation probable des bains fixateurs. A ces avantages M. Meynier croit pouvoir ajouter la parfaite innocuité des sulfocyanures ; mais à ce sujet nous ne saurions nous prononcer, car nous nous trouvons hésitants entre l'assertion émise par M. Meynier et celle contenue dans tous les Traités de Chimie, savoir : que l'acide sulfocyan-hydrique est vénéneux.

A côté de ces avantages, nous ne voyons que deux inconvénients : 1° la nécessité d'opérer deux fixages successifs, nécessité qui, malheureusement, fera méconnaître à plus d'un photographe les avantages du nouveau fixateur ; 2° le prix élevé du sulfocyanure qui en rendrait, dans les conditions actuelles, l'emploi impossible en photographie ; mais, hâtons-nous de le faire remarquer, ce grave inconvénient ne peut manquer de disparaître bientôt, car, tout le fait espérer, les procédés employés d'une part par M. Meynier pour extraire les sulfocyanures des eaux de condensation du gaz, d'une autre par M. Gélis pour la fabrication des cyanures au moyen du sulfure de carbone, permettront bientôt aux photographes d'acquérir les sulfocyanures à des prix très-voisins de celui de l'hyposulfite.

CHAPITRE VI.

DU VIRAGE.

§ 1er. — *Définitions.*

L'opération que la photographie positive désigne sous le nom de *virage* a pour but de changer la teinte de l'épreuve de manière à la placer dans les meilleures conditions possibles de stabilité, tout en lui donnant des tons agréables à la vue.

Pour obtenir ce résultat, le photographe prenant l'épreuve tantôt fixée à l'hyposulfite de soude, tantôt simplement lavée au sortir du châssis et imprégnée encore de tous les sels insolubles que la lumière n'a pas réduits, l'immerge dans des solutions diverses où, par des réactions chimiques spéciales, doit se réaliser l'effet qu'il recherche.

Ces solutions diverses peuvent, par leur nature même, être rapportées à deux catégories bien distinctes. Dans la première figurent des sels ou même des composés imparfaitement définis destinés à agir sur l'argent de l'épreuve en modifiant la teinte originelle par la modification même de l'état sous lequel se trouve ce métal ; ce sont les bains connus sous le nom d'*hyposulfites vieux*, d'*hyposulfites acidulés*, d'*hyposulfites chargés de sels d'argent*. Dans la deuxième figurent uniquement des solutions de métaux plus électro-négatifs que l'argent, l'or presque toujours, quelquefois, mais rarement, le platine.

Nous devrions examiner successivement et aux différents points de vue que la question comporte ces deux catégories de solutions, si nos recherches antérieures ne nous conduisaient à rejeter la première d'une manière absolue, et à refuser d'admettre comme agents du virage les hyposulfites modifiés. La cause de ce rejet est d'ailleurs facile à comprendre ; d'après notre définition même, l'agent du virage doit satisfaire à deux *desiderata* : fournir sur l'épreuve une coloration agréable à la vue, et placer l'image dans des conditions aussi grandes que possible de stabilité. Or, si, comme cela a lieu en effet, ces agents de virage peuvent donner à l'épreuve une teinte agréable et qui longtemps a été recherchée ; si, par conséquent, ils satisfont au premier *desideratum*, ils sont bien loin de satisfaire au second. Nous l'avons très-nettement démontré, en effet, tant dans cette *Étude générale des épreuves positives* (p. 76) que dans un Mémoire presenté à la Société française de Photographie le 19 octobre 1855, toutes ces solutions, loin de placer l'image dans des conditions convenables de stabilité, y introduisent toujours et d'une manière nécessaire le soufre, cet agent de destruction que la photographie doit tant redouter. Ces solutions doivent donc être absolument rejetées du virage ; elles le sont déjà d'une manière presque générale ; les conseils que nous avons donnés ont porté leurs fruits, et c'est pour nous une grande satisfaction de voir ainsi couronnés de succès les efforts que nous avons faits pour assurer la stabilité des épreuves positives. Nous ne parlerons donc pas des procédés qui se rattachent à cette catégorie de solutions ; ils appartiennent au passé de la photographie. et d'ailleurs, dans le Mémoire que nous rappelions plus haut. nous avons. dès 1855. envisagé avec soin leur mode d'action.

C'est seulement à l'étude des solutions diverses d'or et quelquefois de platine qu'emploient les photographes pour le virage que nous avons dû nous attacher. Satisfont-elles aux deux conditions qu'exige notre définition? Donnent-elles, et dans quel cas donnent-elles des tons agréables? Introduisent-elles dans la masse de l'épreuve quelque composé de nature à en produire l'altération? Telles sont les deux questions que doivent résoudre d'une part la pratique photographique, d'une autre l'analyse chimique. Mais avant d'en aborder la solution, nous devons chercher à nous rendre compte de la nature chimique des réactions qui s'accomplissent pendant le virage, rechercher en un mot la théorie de cette opération; certains du reste que dans le cours de cette recherche les faits se présenteront d'eux-mêmes et nous fourniront les éléments nécessaires pour résoudre les deux questions que nous venons de poser.

§ II. — *Théorie du virage.*

Ainsi que pouvait le laisser prévoir la théorie chimique, c'est par une simple opération de substitution que le virage s'opère; une portion d'or se dépose, une portion d'argent est enlevée et lui cède la place; il en est également ainsi lorsque le virage a lieu au moyen de solutions platinifères. Le résultat est le même dans quelque condition qu'on se place; que le papier soit encollé ou non, le bain de virage acide, neutre ou alcalin, que le virage ait lieu après fixage ou avant fixage, toujours il se dépose de l'or. Sans doute, des différences notables se présentent suivant les cas, mais nous n'avons pas à tenir compte de ces différences pour l'instant, et nous bornant au fait général nous disons : dans le virage une portion de l'argent disparaît et est remplacée par de l'or ou du platine.

La proportion de métal ainsi déposé est assez régulière; elle varie un peu, il est vrai, avec l'intensité de l'épreuve, le temps du virage, etc., mais dans les conditions ordinaires des opérations photographiques, elle se maintient entre le quart et le cinquième de la quantité d'argent que porte l'épreuve. C'est ce que montre l'exemple suivant provenant de l'analyse d'épreuves photographiques virées au chlorure d'or :

$$\text{Argent.....} \quad 0^{gr},118$$
$$\text{Or........} \quad 0^{gr},028$$

Il en est de même des épreuves virées au platine, comme le montrent les nombres ci-dessous :

$$\text{Argent.....} \quad 0^{gr},062$$
$$\text{Platine.....} \quad 0^{gr},015$$

Dans le premier cas, la proportion égale $\frac{1}{5}$ environ, dans le second elle dépasse un peu $\frac{1}{4}$ du poids de l'argent.

Cette proportion, bien souvent vérifiée par nous, varie, ainsi que nous l'avons dit, suivant différentes causes, et surtout, ainsi qu'on doit le prévoir, suivant le temps pendant lequel est prolongé le séjour de l'épreuve dans le bain de virage. Cependant, l'augmentation du poids de l'or ne saurait jamais dépasser certaines limites, la substitution de l'or à l'argent ne saurait jamais être complète ; l'argent, en un mot, ne saurait jamais disparaître en entier de l'épreuve. L'opinion contraire a été émise il y a quelques mois par M. Schnauss, d'Iéna, qui prétend à la possibilité d'une substitution absolue ; mais cette opinion repose sur une erreur d'analyse ; nous avons eu déjà occasion de la combattre, et nous devons y revenir aujourd'hui.

Relatons d'abord les expériences sur lesquelles s'est basée notre conviction ; celles-ci, afin de dégager l'opération de toutes circonstances accessoires, ont été faites sur papier simplement salé, et le virage n'a eu lieu qu'après un fixage complet, de telle sorte qu'au cas où une certaine portion d'argent serait restée sur l'épreuve après le virage, on ne pût en attribuer la présence soit à l'albumine, soit aux composés insolubles non impressionnés, soit à toute autre cause. Les feuilles bien fixées et bien lavées ont été introduites dans le bain d'or, et on y a prolongé leur séjour pendant *trente heures*, en renouvelant fréquemment le bain, dans la crainte que, celui-ci venant à s'affaiblir, le virage ne pût plus se produire aussi librement. Ces feuilles fixées à nouveau, pour enlever le chlorure d'argent qu'avait dû engendrer la substitution de l'or, et bien lavées, ont donné à l'analyse les nombres suivants :

$$\text{Argent.....} \quad 0^{gr},025$$
$$\text{Or.......} \quad 0^{gr},074$$

Ces nombres sont, sans doute, fort différents de ceux que l'on obtient dans les conditions ordinaires, l'or y est en quantité bien plus considérable, mais cependant il ne remplace pas tout l'argent. Sur les mêmes épreuves non virées, l'analyse avait indiqué $0^{gr},116$ d'argent; l'épreuve virée en renferme encore $0^{gr},025$, et nous nous trouvons ainsi conduits à conclure que l'or ne peut enlever tout l'argent, et qu'il reste toujours sur l'épreuve virée environ $\frac{1}{4}$ ou $\frac{1}{5}$ de ce qu'elle contenait avant le virage.

Ce résultat n'a rien de surprenant au point de vue théorique. En effet, l'épreuve peut être considérée, avant d'entrer dans le bain de virage, comme une simple lame d'argent; plongée dans le bain, elle offre à l'action de celui-ci deux surfaces, l'une dans la pâte du papier, l'autre à la surface de celui-ci; ces deux faces de la lame se dorent, et l'argent est enlevé; mais lorsque la couche d'or a acquis une certaine épaisseur, la partie médiane, placée entre les deux faces, ne peut plus être atteinte et reste inattaquée. Cet effet, qui se produit toutes les fois qu'une lame métallique est plongée dans une solution aurifère, qui se produit, par exemple, dans la dorure au trempé, est connu de tous les chimistes.

Et c'est précisément pour n'avoir pas tenu compte de ce fait que M. Schnauss s'est trouvé induit en erreur. Dans ses expériences, en effet, l'épreuve préparée et virée dans les mêmes conditions que les nôtres a été incinérée, puis les cendres soumises à l'action de l'acide azotique qui, suivant M. Schnauss, aurait dû dissoudre l'argent, si l'épreuve en avait contenu. Là gît l'erreur; une épreuve ainsi préparée peut contenir de l'argent que l'acide azotique sera impuissant à dissoudre. Dans la dorure, en effet, entre la surface d'or et la surface du métal qui lui sert de support, se forme un véritable alliage; dans le cas actuel cet alliage est d'argent et d'or, la proportion d'or y est très-considérable $\left(\frac{24}{25}\right)$, et les chimistes savent fort bien que les alliages de cette nature ne sont pas sensiblement attaquables par l'acide azotique. Et c'est précisément pour ne point tomber dans cet écueil que, dans les nombreux essais quantitatifs que nous nous proposons de rapporter, nous avons toujours eu soin de faire appel à l'inquartation, c'est-à-dire de ramener l'alliage à des conditions telles, que l'or n'y fût pas en quantité plus considérable que le quart de l'argent.

Après avoir ainsi établi que la théorie du virage repose su

une substitution partielle de l'or à l'argent, nous avons dû envisager dans quelles conditions cette substitution a lieu, et si elle se produit dans les proportions qu'exigent les lois des équivalents. Ici commence la grande complexité de la question, car les procédés de virage basés sur l'emploi des sels d'or sont nombreux (nous laisserons de côté les virages au platine, très-rarement employés, et qui se comportent d'ailleurs comme les virages à l'or), et il est évident que la présence des réactifs ajoutés à l'or peut modifier considérablement les résultats, et par suite influer sur le ton, sur l'intensité, sur les diverses qualités de l'épreuve.

Nous diviserons les nombreux procédés de virage proposés jusqu'à ce jour en quatre classes :

1° Virages dits *acides*, c'est-à-dire dus à l'emploi du chlorure d'or du commerce additionné le plus souvent d'une certaine quantité d'acide chlorhydrique ;

2° Virage au chlorure d'or neutre, dû à l'emploi des chlorures doubles d'or et de potassium ou de sodium conseillé par M. Fordos ;

3° Virage au protoxyde d'or, caractérisé par l'emploi de l'hyposulfite double d'or et de soude, connu des photographes sous le nom de *sel de Gelis ;*

4° Virages dits *alcalins*, et dus à l'emploi du chlorure d'or, le plus souvent de chlorures doubles, additionnés de sels à réaction légèrement alcaline, tels que le bicarbonate, l'acétate, le phosphate et le borate de soude. Dans cette catégorie rentrent également les virages où l'on a conseillé l'emploi du chlorure de chaux qui, agissant sur les blancs purs de l'albumine par le chlore qu'il renferme, n'agit au point de vue du virage vrai que par l'excès de chaux dont il est chargé, et fournit ainsi un bain alcalin.

Pour éclairer la véritable nature du virage dans tous ces cas, il a fallu, pour chacun d'eux, évaluer les proportions relatives d'or et d'argent portées par l'épreuve virée, et les comparer à la quantité d'argent renfermée par une épreuve non virée et préparée dans les mêmes conditions. Dans chaque procédé, il a fallu également considérer le cas où le virage avait lieu après fixage, et celui où le virage avait lieu avant fixage, et répéter chaque essai deux fois, en variant les temps de pose, de manière à n'ajouter foi qu'aux résultats concordants.

Ce n'est pas tout encore, et considérant que l'image est, d'après la théorie que nous avons établie, composée tout à la fois d'argent métallique et de matière organico-argentique, sorte de laque obtenue par une combinaison d'albumine, d'amidon, de gélatine, etc., avec l'argent, et semblable de tous points aux véritables laques que forment les tissus avec les matières colorantes, nous avons dû faire parallèlement les mêmes essais sur des feuilles simplement salées et non encollées qui, après insolation, ne renferment presque que de l'argent, et sur des feuilles simplement albuminées et non salées, c'est-à-dire ne renfermant presque que de la matière organico-argentique. De là les soixante-quatre expériences dont nous allons exposer les résultats numériques et les conclusions.

Nous décrirons d'abord la marche que nous avons constamment suivie. Pour chaque cas, quatre demi-feuilles ont été soigneusement préparées, sensibilisées, insolées, etc. Au moment de les introduire dans les bains de virage, chacune d'elles a été divisée en deux, une moitié seulement a été virée, l'autre a été conservée sans virage et comme témoin. (Nous nous étions assurés, par des expériences préalables, que chaque moitié de feuille renferme sensiblement la même quantité d'argent et qu'on peut accorder à cette marche comparative une confiance absolue.)

L'épreuve étant terminée, nous avons placé dans une large capsule de platine une quantité suffisante de nitre pur que nous avons doucement chauffé jusqu'à fusion; puis, saisissant chaque feuille froissée en un rouleau, au moyen d'une pince nous l'avons lentement brûlée au-dessus de ce bain de nitre fondu, de telle sorte que la chaleur fût assez élevée pour produire une combustion facile, et insuffisante cependant pour que nous eussions à craindre une volatilisation d'argent. La masse froide a été reprise par l'eau, filtrée et lavée sur le filtre à l'acide acétique étendu, pour enlever les quantités considérables d'alumine, de fer et de chaux qui, provenant des cendres du papier, eussent gêné la fusion des métaux précieux. Les filtres lavés, séchés, ont été ensuite passés à la coupelle, les boutons de retour pesés, inquartés lorsqu'il s'agissait d'épreuves virées, et le départ fait par la méthode ordinaire, c'est-à-dire en employant successivement l'acide azotique à 22 et à 32 degrés.

Abordons maintenant l'étude du premier cas qui se présente dans notre classification, celui du virage au chlorure d'or acide. Les nombres que nous avons obtenus dans les seize essais qu'il comporte sont inscrits dans le tableau suivant. Quant aux calculs desquels nous avons déduit nos conclusions, ils ont été établis en partant de ce fait, qu'employant du chlorure d'or $Au^2 Cl^3$, celui-ci, dans le fait de la substitution, doit théoriquement transformer en chlorure, et par suite placer dans une condition telle que le dernier fixage puisse les faire disparaître, 3 équivalents d'argent, d'après la formule :

$$Au^2 Cl^3 + 3 Ag = Au^2 + 3 Ag Cl;$$

que, par conséquent,

$$Au^2 = 196$$

doit remplacer

$$Ag^3 = 108 \times 3 = 324.$$

§ Ier. — VIRAGE AU CHLORURE D'OR ACIDE.

VIRAGE APRÈS FIXAGE.

Épreuves sur papier simplement albuminé.

TEMPS DE POSE.	NUMÉROS D'ORDRE.	DONNÉES NUMÉRIQUES.	RÉSULTATS DES EXPÉRIENCES.
2 h.	No 1. Portion non virée.	Ag..... 0,121	0gr,034 d'or équivalant à 0,056 d'argent, la portion virée (no 2) devrait renfermer 0,121 — 0,056 = 0,065 de ce métal; or l'expérience a donné 0,059; donc on trouve dans ce cas pour la proportion d'argent............ 0,006 en *défaut*.
	No 2. Portion virée.	Ag...... 0,059 Au...... 0,034 ——— Ag + Au. 0,093	
15 m.	No 3. Portion non virée.	Ag...... 0,049	0gr,012 d'or équivalant à 0,019 d'argent, la portion virée (no 4) devrait renfermer 0,049 — 0,019 = 0,030 de ce métal; or l'expérience a donné 0,028; donc on trouve dans ce cas pour la proportion d'argent............ 0,002 en *défaut*.
	No 4. Portion virée.	Ag...... 0,028 Au...... 0,012 ——— Ag + Au. 0,040	

Épreuves sur papier simplement salé.

TEMPS DE POSE	NUMÉROS D'ORDRE	DONNÉES NUMÉRIQUES	RÉSULTATS DES EXPÉRIENCES
h.	No 5. Portion non virée.	Ag...... 0,236	0gr,062 d'or équivalant à 0,102 d'argent, la portion virée (n° 6) devrait renfermer 0,236 — 0,102 = 0,134 de ce métal; or l'expérience a donné 0,123; donc on trouve dans ce cas pour la proportion d'argent............ 0,011 *en défaut*.
	No 6. Portion virée.	Ag...... 0,123 Au...... 0,062 Ag + Au. 0,185	
m.	No 7. Portion non virée.	Ag...... 0,076	0gr,027 d'or équivalant à 0,044 d'argent, la portion virée (n° 8) devrait renfermer 0,076 — 0,044 = 0,032 de ce métal; or l'expérience a donné 0,026; donc on trouve dans ce cas pour la proportion d'argent............ 0,006 *en défaut*.
	No 8. Portion virée.	Ag...... 0,026 Au...... 0,027 Ag + Au. 0,053	

VIRAGE AVANT FIXAGE.

Épreuves sur papier simplement albuminé.

TEMPS DE POSE	NUMÉROS D'ORDRE	DONNÉES NUMÉRIQUES	RÉSULTATS DES EXPÉRIENCES
h.	No 9. Portion non virée.	Ag...... 0,154	0gr,028 d'or équivalant à 0,046 d'argent, la portion virée (n° 10) devrait renfermer 0,154 — 0,046 = 0,108 de ce métal; or l'expérience a donné 0,092; donc on trouve dans ce cas pour la proportion d'argent............ 0,016 *en défaut*.
	No 10. Portion virée.	Ag...... 0,092 Au...... 0,028 Ag + Au. 0,120	
15 m.	No 11. Portion non virée.	Ag...... 0,068	0gr,014 d'or équivalant à 0,024 d'argent, la portion virée (n° 12) devrait renfermer 0,068 — 0,024 = 0,044 de ce métal; or l'expérience a donné 0,037; donc on trouve dans ce cas pour la proportion d'argent............ 0,007 *en défaut*.
	No 12. Portion virée.	Ag...... 0,037 Au...... 0,014 Ag + Au. 0,051	

Épreuves sur papier simplement salé.

TEMPS DE POSE	NUMÉROS D'ORDRE	DONNÉES NUMÉRIQUES	RÉSULTATS DES EXPÉRIENCES
h.	No 13. Portion non virée.	Ag...... 0,304	0gr,065 d'or équivalant à 0,109 d'argent, la portion virée (n° 14) devrait renfermer 0,304 — 0,109 = 0,195 de ce métal; or l'expérience a donné 0,176; donc on trouve dans ce cas pour la proportion d'argent............ 0,019 *en défaut*.
	No 14. Portion virée.	Ag...... 0,176 Au...... 0,065 Ag + Au. 0,241	
15 m.	No 15. Portion non virée.	Ag...... 0,115	0gr,036 d'or équivalant à 0,059 d'argent, la portion virée (n° 16) devrait renfermer 0,115 — 0,059 = 0,056 de ce métal; or l'expérience a donné 0,042; donc on trouve dans ce cas pour la proportion d'argent............ 0,014 *en défaut*.
	No 16. Portion virée.	Ag...... 0,042 Au...... 0,036 Ag + Au. 0,078	

Ainsi, dans tous les cas qui précèdent, la substitution de l'or à l'argent a lieu sensiblement dans les conditions atomiques; cette régularité se retrouve aussi bien sur l'argent que sur la matière organico-argentique, aussi bien avant qu'après le virage, aussi bien dans le cas d'une longue pose que dans celui d'une courte exposition. Cependant, ainsi que l'indiquent les conclusions résumées dans la dernière colonne, l'expérience démontre dans tous les cas l'existence d'un léger défaut d'argent; cette diminution est due bien évidemment à l'acidité de la liqueur, à la présence de l'acide chlorhydrique dans le bain de virage; cet acide attaquant (indépendamment de tout virage) une partie de l'argent le fait passer à l'état de chlorure que le fixateur enlève ensuite. Cette observation vient donner raison à cette locution bien connue : les bains de virage acides rongent l'épreuve.

Ce mode de virage est régulier, il est rapide, et donne des tons un peu rouges qui ne sont point désagréables; mais le fait que nous venons de signaler montre le grand danger qu'il présente. Il enlève plus d'argent que n'exige la théorie, et par suite il diminue, dans une proportion que le photographe n'est pas toujours maître de modérer, l'intensité de l'épreuve. D'ailleurs, si l'on compare les essais n°s 8, 12, 16 opérés après des poses d'un quart d'heure aux essais n°s 6, 10, 14 opérés après des poses de deux heures, il semble que le défaut d'argent soit plus sensible dans le cas des petites poses que dans celui des grandes; il semble, en un mot, que les demi-teintes doivent avoir plus à souffrir que les grands noirs de l'action dissolvante de l'acide chlorhydrique.

En résumé donc, on ne saurait conseiller ce procédé de virage, la photographie en possède aujourd'hui de plus avantageux; cependant, dans le cas où il serait employé, le photographe devrait, ainsi que le recommandent les ouvrages spéciaux, imprimer très-vigoureusement son épreuve, afin de compenser la perte que l'acide chlorhydrique lui doit faire éprouver.

§ II. — VIRAGE AU CHLORURE D'OR NEUTRE.

Pour produire le virage au chlorure d'or neutre, nous avons fait usage de chlorure double d'or et de potassium. Ce sel, dont M. Fordos a conseillé l'emploi, il y a quelques années.

se rencontre aujourd'hui en abondance dans les magasins de produits photographiques; malheureusement, il n'y est pas toujours pur, et nous en avons rencontré plus d'un échantillon qui exhalait, à l'ouverture du flacon où il était renfermé, une forte odeur de chlore provenant d'un excès d'eau régale. Ce défaut doit être soigneusement évité, et, pour s'en garantir, le consommateur doit exiger, autant que possible, que ce sel lui soit livré en cristaux assez gros et nettement définis. Si, malgré cette précaution, le chlorure double d'or et de potassium ne présentait pas une neutralité absolue, il serait facile de combattre l'inconvénient que peut offrir son acidité, en prenant soin, comme nous l'avons fait dans le cours de cette étude, de saturer dans le bain lui-même l'excès d'acide au moyen d'une petite quantité de craie.

En soumettant à l'action d'un bain de virage préparé dans ces conditions des épreuves positives fixées et non fixées, et suivant la marche générale que nous avons exposée précédemment, nous avons obtenu les résultats suivants :

VIRAGE APRÈS FIXAGE.

Épreuves sur papier simplement albuminé.

TEMPS DE POSE.	NUMÉROS D'ORDRE.	DONNÉES NUMÉRIQUES.	RÉSULTATS DES EXPÉRIENCES.
2 h.	N° 17. Portion non virée.	Ag ..... $0,170^{gr}$	$0^{gr},021$ d'or équivalant à $0,035$ d'argent, la portion virée (n° 18) devrait renfermer $0,170 - 0,035 = 0,135$ de ce métal; or l'expérience a donné $0,134$; donc on trouve dans ce cas pour la proportion d'argent.............. $0,001^{gr}$ *en défaut*.
	N° 18. Portion virée.	Ag ..... $0,134$ Au ..... $0,021$ $Ag + Au$. $0,155$	
15 m.	N° 19. Portion non virée.	Ag ..... $0,077$	$0^{gr},015$ d'or équivalant à $0,025$ d'argent, la portion virée (n° 20) devrait renfermer $0,077 - 0,025 = 0,052$ de ce métal; or l'expérience a donné $0,049$; donc on trouve dans ce cas pour la proportion d'argent.............. $0,003$ *en défaut*.
	N° 20. Portion virée.	Ag ..... $0,049$ Au ..... $0,015$ $Ag + Au$. $0,064$	

Épreuves sur papier simplement salé.

TEMPS DE POSE.	NUMÉROS D'ORDRE.	DONNÉES NUMÉRIQUES.	RÉSULTATS DES EXPÉRIENCES.
2 h.	N° 21. Portion non virée.	Ag ..... $0,275$	$0^{gr},058$ d'or équivalant à $0,095$ d'argent, la portion virée (n° 22) devrait renfermer $0,275 - 0,095 = 0,180$ de ce métal; or l'expérience a donné $0,184$; donc on trouve dans ce cas pour la proportion d'argent.............. $0,004$ *en excès*.
	N° 22. Portion virée.	Ag ..... $0,184$ Au ..... $0,058$ $Ag + Au$. $0,242$	

TEMPS DE POSE.	NUMÉROS D'ORDRE.	DONNÉES NUMÉRIQUES.	RÉSULTATS DES EXPÉRIENCES
15 m.	N° 23. Portion non virée.	Ag....... 0,088 (gr)	0gr,027 d'or équivalant à 0,045 d'argent, la portion virée (n° 24) devrait renfermer 0,088 — 0,045 = 0,043 de ce métal; or l'expérience a donné 0,041; donc on trouve dans ce cas pour la proportion d'argent............... 0,002 gr *en défaut*.
	N° 24. Portion virée.	Ag....... 0,041 Au...... 0,027 Ag + Au. 0,068	

Les résultats que comprennent les huit essais précédents
sont remarquables et méritent de fixer l'attention. Ils montrent, de la manière la plus nette et mieux que ne le pourrait faire aucune autre expérience, que dans le virage,
comme dans toutes les autres phases du travail photographique, les faits s'accomplissent avec toute la régularité des
lois chimiques. Ici, en effet, les divergences observées entre
les quantités d'argent et d'or que le calcul assignait aux
épreuves virées, et celles dont nous avons constaté la présence, sont tellement faibles (de 0gr,001 à 0gr,004), qu'elles
peuvent être attribuées à des erreurs d'analyse, inévitables
surtout lorsque les opérations ont lieu sur des quantités aussi
faibles. Il faut remarquer en outre que le cas d'un virage au
chlorure d'or neutre, sur une épreuve préalablement fixée, est
celui qui se rapproche le plus des conditions théoriques, et où
l'on doit le moins redouter l'influence des phénomènes accessoires.

VIRAGE AVANT FIXAGE.

Épreuves sur papier simplement albuminé.

TEMPS DE POSE.	NUMÉROS D'ORDRE.	DONNÉES NUMÉRIQUES.	RÉSULTATS DES EXPÉRIENCES.
2 h.	N° 25. Portion non virée.	Ag....... 0,137 (gr)	0gr,017 d'or équivalant à 0,028 d'argent, la portion virée (n° 26) devrait renfermer 0,137 — 0,028 = 0,109 de ce métal; or l'expérience a donné 0,115; donc on trouve dans ce cas pour la proportion d'argent............... 0,006 gr *en excès*.
	N° 26. Portion virée.	Ag....... 0,115 Au...... 0,017 Ag + Au. 0,132	
15 m.	N° 27. Portion non virée.	Ag....... 0,065	0gr,009 d'or équivalant à 0,014 d'argent, la portion virée (n° 28) devrait renfermer 0,065 — 0,014 = 0,051 de ce métal; or l'expérience a donné 0,054; donc on trouve dans ce cas pour la proportion d'argent........... 0,003 gr *en excès*.
	N° 28. Portion virée.	Ag....... 0,054 Au...... 0,009 Ag + Au. 0,063	

Épreuves sur papier simplement salé.

TEMPS DE POSE.	NUMÉROS D'ORDRE.	DONNÉES NUMÉRIQUES.		RÉSULTATS DES EXPÉRIENCES
2 h.	N° 29. Portion non virée.	Ag.	$0,247$	$0^{gr},039$ d'or équivalant à 0.064 d'argent, la portion virée (n° 30) devrait renfermer $0,247 - 0,064 = 0,133$ de ce métal; or l'expérience a donné $0,199$; donc on trouve dans ce cas pour la proportion d'argent.............. $0,016$ *en excès.*
	N° 30. Portion virée.	Ag. Au. Ag + Au.	$0,199$ $0,039$ $\overline{0,238}$	
15 m.	N° 31. Portion non virée.	Ag.	0.084	$0^{gr},019$ d'or équivalant à $0,027$ d'argent, la portion virée (n° 32) devrait renfermer $0,084 - 0,027 = 0,057$ de ce métal; or l'expérience a donné $0,061$; donc on trouve dans ce cas pour la proportion d'argent.............. $0,004$ *en excès.*
	N° 32. Portion virée.	Ag. Au Ag + Au.	$0,061$ $0,019$ $\overline{0,080}$	

Les essais relatifs au virage par le chlorure d'or neutre
avant fixage sont, comme le montre le tableau ci-dessus,
d'une concordance parfaite entre eux; mais les résultats analytiques auxquels ils conduisent sont fort différents de ceux
que l'on obtient en opérant le virage après fixage. Tandis que
ceux-ci, en effet, conduisent à la constatation d'une substitution atomique de l'or à l'argent, ceux-là diffèrent notablement
des données que la théorie permettait de prévoir. Ils font reconnaître que sur une épreuve virée au chlorure d'or neutre,
après fixage, il reste *toujours* une proportion d'argent supérieure à celle que le dépôt d'or aurait dû faire disparaître, et
que cet excès, sensiblement proportionnel à la richesse de la
feuille non virée, représente, à quelque différence près, le
vingtième de la quantité d'argent que celle-ci renferme.

Pour expliquer ce résultat en apparence anormal et contraire à la théorie, il faut en modifier l'énoncé et considérer
comme en excès, non plus l'argent restant, mais l'or déposé
sur l'épreuve virée. En se plaçant à ce point de vue, on reconnaît bientôt quelle est la cause de l'anomalie. On sait, en
effet, que l'épreuve lavée à l'eau, au sortir du châssis, renferme encore, quelque soin que l'on prenne, une certaine
quantité d'azotate d'argent libre que l'eau seule ne peut enlever et qui reste adhérente aux fibres du papier, ainsi qu'au
chlorure d'argent et aux parties colorées de l'épreuve. C'est

d'autre part une réaction bien connue qu'en mettant au contact deux solutions, l'une d'azotate d'argent, l'autre de chlorure d'or, le chlorure d'argent formé entraîne, à l'état insoluble, tout l'acide aurique $Au^2 O^3$ que met en liberté cette double décomposition. C'est à cette réaction qu'est dû l'excès d'or dont nous avons constaté la présence dans les circonstances qui nous occupent, excès que du reste nous retrouverons constamment dans les virages avant fixage où ne figure pas d'acide libre. Au premier contact de la feuille avec le bain de virage, une double décomposition s'opère entre le chlorure d'or et le nitrate d'argent dont cette feuille est imprégnée; une certaine proportion d'acide aurique s'y dépose, sans faire passer à l'état de chlorure soluble dans les fixateurs une proportion équivalente de l'argent réduit, reste côte à côte avec l'or qui se dépose ensuite par substitution régulière, se réduit à son tour spontanément pendant le virage, et vient par conséquent produire une légère surcharge des nombres indiqués par la théorie.

Mais si l'on fait abstraction de ce phénomène accessoire, on doit admettre que, dans le cas d'un virage par le chlorure d'or neutre avant fixage, la substitution de l'or à l'argent s'opère régulièrement, d'après la loi des équivalents comme lorsque le virage a lieu une fois le fixage opéré.

Les virages au chlorure d'or neutre, c'est-à-dire basés sur l'emploi des chlorures doubles conseillés par M. Fordos, marchent avec une grande régularité, surtout lorsqu'on a eu le soin d'enlever par l'addition d'une petite quantité de craie les dernières traces d'acide qu'ils peuvent contenir. Ils fournissent des tons excellents, et les bains présentent une assez grande stabilité. Au bout d'un certain temps, cependant, on les voit se décolorer, et même laisser précipiter une partie de l'or qu'on y avait dissous; nous démontrerons bientôt que cette modification lente, due sans doute à la présence des matières organiques dissoutes dans un premier virage, commence par une réduction du persel d'or à l'état de protosel.

§ III. — VIRAGE AU PROTOXYDE D'OR.

Les chimistes ne connaissent jusqu'ici qu'un seul sel renfermant du protoxyde d'or $Au^2 O$. Ce sel, découvert en 1843 par MM. Fordos et Gélis, et connu dans le commerce, depuis cette époque, sous le nom de ces deux savants, est un hyposulfite double d'or et de soude renfermant 4 équivalents d'eau, et correspondant à la formule

$$(Au^2O, S^2O^2)\ (NaO, S^2O^2)^3,\ 4HO.$$

Les photographes n'emploient généralement ce sel qu'en présence d'un excès d'ammoniaque ou d'hyposulfite de soude, et nous verrons bientôt que cette manière d'agir est fort rationnelle; cependant nous avons agi tout autrement, et nous préoccupant exclusivement, dans cette partie de notre travail, de la théorie du virage, nous avons eu soin, au contraire, d'éliminer tout agent étranger au sel proprement dit, et d'opérer simplement sur une dissolution aqueuse d'hyposulfite d'or et de soude cristallisé.

Le tableau suivant renferme les résultats obtenus, mais, hâtons-nous de le faire remarquer, ce n'est plus entre 3 équivalents d'argent et 2 équivalents d'or, mais entre un seul équivalent d'argent et 2 équivalents d'or que la réaction du virage s'accomplit dans ce cas, et, par conséquent, la proportion d'argent enlevée par la substitution doit être théoriquement égale à $Ag = 108$ pour $Au^2 = 196$. C'est d'après cette hypothèse que nous avons fait nos calculs.

VIRAGE APRÈS FIXAGE.

Épreuves sur papier simplement albuminé.

TEMPS DE POSE.	NUMÉROS D'ORDRE.	DONNÉES NUMÉRIQUES.	RÉSULTATS DES EXPÉRIENCES.
2 h.	No 33. Portion non virée.	Ag...... 0,110	0gr,07 d'or (Au²) équivalant à 0,004 d'argent (Ag), la portion virée (no 34) devrait renfermer 0,110—0,004=0,106 de ce métal; or l'expérience a donné 0,092; donc on trouve dans ce cas pour la proportion d'argent.............. 0,014 en *défaut*.
	No 34. Portion virée.	Ag...... 0,092 Au...... 0,007 Ag + Au. 0,099	
5 m.	No 35. Portion non virée.	Ag...... 0,061	0gr,006 d'or équivalant à 0,003 d'argent, la portion virée (no 36) devrait renfermer 0,061 —0,003 = 0,058 de ce métal; or l'expérience a donné 0,042; donc on trouve dans ce cas pour la proportion d'argent.............. 0,016 en *défaut*
	No 36. Portion virée.	Ag ...... 0,042 Au...... 0,006 Ag + Au. 0,048	

Épreuves sur papier simplement salé.

TEMPS DE POSE.	NUMÉROS D'ORDRE.	DONNÉES NUMÉRIQUES.		RÉSULTATS DES EXPÉRIENCES.
2 h.	N° 37. Portion non virée.	Ag.......	0,287	0^{gr},017 d'or équivalant à 0,010 d'argent, la portion virée (n° 38) devrait renfermer 0,287 — 0,010 = 0,277 de ce métal ; or l'expérience a donné 0,273 ; donc on trouve dans ce cas pour la proportion d'argent.............. 0^{gr},004 *en défaut.*
	N° 38. Portion virée.	Ag....... 0,273 Au..... 0,017 Ag + Au. 0,290		
15 m.	N° 39. Portion non virée.	Ag.......	0,098	0^{gr},011 d'or équivalant à 0,006 d'argent, la portion virée (n° 38) devrait renfermer 0,098 — 0,006 = 0,092 de ce métal ; or l'expérience a donné 0,092 ; donc on trouve dans ce cas une proportion d'argent.............. *absolument exacte*
	N° 40. Portion virée.	Ag....... 0,092 Au. ... 0,011 Ag + Au. 0,103		

L'inspection des nombres qui précèdent montre entre les résultats obtenus sur papier albuminé et ceux obtenus sur papier salé une grande divergence. En effet, tandis que ces derniers indiquent pour la substitution de l'or à l'argent des rapports atomiques d'une remarquable exactitude, les premiers nous montrent le virage de la matière albumino-argentique ne s'opérant qu'au prix d'une perte fort notable d'argent.

Ces résultats sont restés pour nous absolument inexplicables, et sans la concordance qui se manifeste entre les quatre essais n°s 33 et 34 d'une part, et 35 et 36 d'une autre, nous nous serions refusés à les admettre. Tiennent-ils à quelque erreur d'analyse explicable par les faibles quantités d'or déposé? Le fait est peu probable. Sont-ils dus plutôt à une action dissolvante exercée par l'hyposulfite de soude du sel double sur la matière albumino-argentique? C'est ce qu'il nous a été impossible d'établir, et nous avons dû renoncer à tirer une conclusion plausible des essais de virage faits au moyen du sel de MM. Fordos et Gélis, après fixage sur papier simplement albuminé.

Mais il n'en est pas de même des essais exécutés sur papier simplement salé ; ceux-ci montrent, de la manière la plus nette, que dans le cas où le virage a lieu par le protoxyde d'or, tout phénomène accessoire étant laissé de côté, la substitution de l'or à l'argent a lieu régulièrement dans la proportion de Au² = 196 pour Ag = 108.

VIRAGE AVANT FIXAGE.

Épreuves sur papier simplement albuminé.

TEMPS DE POSE.	NUMÉROS D'ORDRE.	DONNÉES NUMÉRIQUES.	RÉSULTATS DES EXPÉRIENCES.
2 h.	N° 41. Portion non virée.	Ag....... 0,112	0^{gr},008 d'or (Au^2) équivalant à 0,004 d'argent (Ag), la portion virée (n° 42) devrait renfermer 0,112 — 0,004 = 0,108 de ce métal; or l'expérience a donné 0,142; donc on trouve dans ce cas pour la proportion d'argent.............. 0^{gr},034 *en excès.*
	N° 42. Portion virée.	Ag....... 0,142 Au..... 0,008 Ag + Au. 0,150	
15 m.	N° 43. Portion non virée.	Ag....... 0,064	0^{gr},008 d'or équivalant à 0,004 d'argent, la portion virée (n° 44) devrait renfermer 0,064 — 0,004 = 0,060 de ce métal; or l'expérience a donné 0,067; donc on trouve dans ce cas pour la proportion d'argent.............. 0,007 *en excès.*
	N° 44. Portion virée.	Ag....... 0,067 Au..... 0,008 Ag + Au. 0,075	

Épreuves sur papier simplement salé.

TEMPS DE POSE.	NUMÉROS D'ORDRE.	DONNÉES NUMÉRIQUES.	RÉSULTATS DES EXPÉRIENCES.
2 h.	N° 45. Portion non virée.	Ag...... 0,194	0^{gr},027 d'or équivalant à 0,015 d'argent, la portion virée (n° 46) devrait renfermer 0,194 — 0,015 = 0,179 de ce métal; or l'expérience a donné 0,106; donc on trouve dans ce cas pour la proportion d'argent.............. 0,035 *en excès*
	N° 46. Portion virée.	Ag....... 0,214 Au..... 0,027 Ag + Au. 0,241	
15 m.	N° 47. Portion non virée.	Ag....... 0,086	0^{gr},020 d'or équivalant à 0,011 d'argent, la portion virée (n° 48) devrait renfermer 0,086 — 0,011 = 0,075 de ce métal; or l'expérience a donné 0,106; donc on trouve dans ce cas pour la proportion d'argent.............. 0,031 *en excès.*
	N° 48. Portion virée.	Ag....... 0,106 Au..... 0,020 Ag + Au. 0,126	

Les résultats auxquels conduit l'étude du virage au protoxyde d'or avant fixage présentent entre eux une grande concordance, mais semblent fort surprenants au premier abord. Non-seulement, en effet, nous voyons alors la proportion d'argent *toujours en excès*, ainsi que nous l'avons observé déjà dans le virage neutre avant fixage, mais cet excès devient tellement considérable, que la feuille virée renferme toujours plus d'argent, indépendamment de l'or qui s'y est déposé, que la feuille similaire non virée. Ce fait peut se traduire en disant que dans le cas qui nous occupe, non-seulement il se dépose de l'or sur l'épreuve qui vire, mais encore une portion des composés argentiques que celle-ci renferme deviennent insolubles dans les fixateurs. Quelque anormal qu'il paraisse, ce fait peut cependant être expliqué, lorsqu'on considère et l'état de la feuille et la composition de l'agent de virage avec lequel on la met en contact.

Cette feuille, en effet, n'est point fixée; elle a été simplement lavée à l'eau, et renferme encore, outre la masse de chlorure d'argent dont elle est imprégnée, une proportion notable d'azotate d'argent adhérente aux fibres par une sorte d'action de teinture et que les lavages à l'eau n'ont pu lui enlever. Or, chaque équivalent d'hyposulfite d'or et de soude qui se décompose met en liberté 3 équivalents d'hyposulfite de soude; et ceux-ci, en présence de cet excès de sels d'argent, donnent naissance à l'hyposulfite double de soude et d'argent, formé d'équivalents égaux,

$$\mathrm{AgOS^2O^2,\ NaOS^2O^2,}$$

qui, à la lumière surtout, se décompose rapidement en donnant du sulfure d'argent; de là le grand excès de ce métal que nous avons constamment reconnu.

La pratique photographique a su, dès l'origine, mettre les épreuves à l'abri de ce dépôt anormal d'argent; elle y est parvenue en n'employant le sel double de MM. Fordos et Gélis qu'en présence d'un excès d'ammoniaque ou d'hyposulfite de soude. Les résultats changent alors, car la quantité de fixateur présent pendant le virage est plus que suffisante pour former l'hyposulfite double d'argent et de soude

$$\mathrm{AgOS^2O^2,\ 2NaOS^2O^2,}$$

qui, soluble et inaltérable, surtout en présence d'un excès de dissolvant, n'expose à aucune formation de sulfure d'argent.

De tout ce qui précède il résulte que, dans le cas unique où il nous a été donné de pouvoir observer le virage à l'hyposulfite d'or et de soude à l'abri de toute cause susceptible de le modifier, la substitution de l'or à l'argent s'opère atomiquement, comme dans les autres procédés.

Employé dans les conditions où nous nous sommes intentionnellement placés, c'est-à-dire sans addition d'un excès de fixateur, l'hyposulfite double d'or et de soude donne un virage dont la marche est peu régulière. On le comprend aisément en réfléchissant que l'hyposulfite double et d'argent produit par la décomposition est insoluble dans l'eau, et en se déposant sur les portions à virer les isole de l'agent de virage. Ce fait devient bien manifeste lorsqu'on suppute les faibles quantités d'or déposées par ce mode de virage et qu'on les compare, au moyen des tableaux précédents, avec les quantités déposées par les autres procédés.

C'est seulement en présence d'un excès d'ammoniaque ou d'hyposulfite de soude que le sel d'or donne de bons résultats ; il marche alors avec régularité et rentre dans la classe des virages dits alcalins, dont nous devons maintenant entreprendre l'étude.

§ IV. — VIRAGES DITS ALCALINS.

A côté des méthodes que nous venons de passer en revue, s'est placée, dans ces dernières années, une classe nouvelle de procédés, que les photographes ont pris pour coutume de grouper sous le nom de *virages alcalins*. Ces procédés reposent sur l'addition aux bains ordinaires de chlorure d'or, d'une proportion variable de substances à réaction légèrement alcaline.

Au carbonate et au bicarbonate de soude proposés en premier lieu dans ce but, sont venus depuis six années s'ajouter le phosphate de soude, l'acétate de soude rendu légèrement alcalin par la fusion, le borate de soude, le chlorure de chaux auquel l'excès de chaux qu'il renferme toujours donne en réalité une réaction légèrement alcaline, et enfin, récemment, le sulfocyanure d'ammonium. L'hyposulfite de soude lui-même peut être compris au nombre de ces substances.

La suite de cette étude établira, nous l'espérons, que ces procédés si divers en apparence peuvent être tous ramenés à une expression simple, et que les virages dits alcalins, auxquels on reconnaît une si grande valeur pratique, doivent être, en réalité, considérés comme des virages dont la condition normale serait la neutralité, mais auxquels les différents modes de leur préparation communiquent tantôt une réaction légèrement acide due non plus à la présence de l'acide chlorhydrique que renfermait le sel d'or employé, mais à la mise en liberté de l'acide généralement faible du sel ajouté ; tantôt une réaction légèrement alcaline due à l'emploi en excès du sel alcalin qui caractérise le procédé.

Mais avant d'aborder cette étude, il nous faut rechercher si la loi de substitution régulière que nous avons reconnue vraie pour les trois cas précédents se maintient encore dans le cas actuel. C'est ce que prouvent les expériences relatées dans le tableau ci-dessous; elles ont été exécutées en prenant pour type des bains de virage alcalins le bain conseillé par M. l'abbé Laborde, et composé de chlorure double d'or et de potassium additionné d'acétate de soude.

VIRAGE APRÈS FIXAGE.

Épreuves sur papier simplement albuminé.

TEMPS DE POSE.	NUMÉROS D'ORDRE.	DONNÉES NUMÉRIQUES.	RÉSULTATS DES EXPÉRIENCES.
2 h.	N° 49. Portion non virée.	Ag...... 0,111^{gr}	0^{gr},020 d'or équivalant à 0,034 d'argent (Ag^3 pour Au^2), la portion virée (n° 50) devrait renfermer 0,111—0,034 =0,077 de ce métal; or l'expérience a donné 0,075; donc on trouve dans ce cas pour la proportion d'argent...... 0,002^{gr} *en défaut.*
	N° 50. Portion virée.	Ag...... 0,075 Au...... 0,020 Ag + Au. 0,095	
15 m.	N° 51. Portion non virée.	Ag...... 0,063	0^{gr},017 d'or équivalant à 0,028 d'argent, la portion virée (n° 52) devrait renfermer 0,063 — 0,028 = 0,035 de ce métal; or l'expérience a donné 0,034; donc on trouve dans ce cas pour la proportion d'argent............. 0,001 *en défaut.*
	N° 52. Portion virée.	Ag...... 0,034 Au...... 0,017 Ag + Au. 0,051	

Épreuves sur papier simplement salé.

TEMPS DE POSE.	NUMÉROS D'ORDRE.	DONNÉES NUMÉRIQUES.	RÉSULTATS DES EXPÉRIENCES.
2 h.	N° 53. Portion non virée.	Ag...... 0,213	0^{gr},025 d'or équivalant à 0,041 d'argent, la portion virée (n° 54) devrait renfermer 0,213 — 0,041 = 0,172 de ce métal; or l'expérience a donné 0,169; donc on trouve dans ce cas pour la proportion d'argent............. 0,003 *en défaut.*
	N° 54. Portion virée.	Ag...... 0,169 Au...... 0,025 Ag + Au. 0,194	
15 m.	N° 55. Portion non virée.	Ag...... 0,098	0^{gr},019 d'or équivalant à 0,031 d'argent, la portion virée (n° 56) devrait renfermer 0,098 — 0,031 = 0,067 de ce métal; or l'expérience a donné 0,063; donc on trouve dans ce cas pour la proportion d'argent............. 0,004 *en défaut*
	N° 56. Portion virée.	Ag...... 0,063 Au...... 0,019 Ag + Au. 0,082	

Les pertes en argent accusées dans la dernière colonne de ce tableau, et dont la plus forte ne dépasse pas 4 milligrammes.

sont tellement faibles, qu'on doit les considérer comme des erreurs d'analyse, et n'en tenir aucun compte dans l'appréciation des résultats. Ceux-ci peuvent donc être regardés comme concluants; ils montrent que dans le cas actuel, comme dans les cas correspondants des autres méthodes de virage, la substitution de l'or à l'argent se produit dans les proportions exigées par les lois de la chimie, en admettant que 3 équivalents d'argent remplacent 2 équivalents d'or.

Lorsque le virage a lieu avant fixage, la régularité de la réaction se trouve masquée, ainsi que nous l'avons déjà vu dans deux circonstances analogues, par la présence sur la feuille d'une certaine quantité de nitrate d'argent libre; c'est ce que montre le tableau ci-dessous.

VIRAGE AVANT FIXAGE.

Épreuves sur papier simplement albuminé.

TEMPS DE POSE.	NUMÉROS D'ORDRE.	DONNÉES NUMÉRIQUES.	RÉSULTATS DES EXPÉRIENCES.
2 h.	N° 57. Portion non virée.	Ag........ 0,172	0gr,025 d'or équivalant à 0,041 d'argent, la portion virée (n° 58) devrait renfermer 0,172—0,041=0,131 de ce métal; or l'expérience a donné 0,138; donc on trouve dans ce cas pour la proportion d'argent............... 0gr,007 en excès.
	N° 58. Portion virée.	Ag........ 0,138 Au...... 0,025 Ag + Au. 0,163	
15 m.	N° 59. Portion non virée.	Ag........ 0,065	0gr,017 d'or équivalant à 0,028 d'argent, la portion virée (n° 60) devrait renfermer 0,065 — 0,028 = 0,037 de ce métal; or l'expérience a donné 0,044; donc on trouve dans ce cas pour la proportion d'argent.............. 0,007 en excès.
	N° 60. Portion virée.	Ag........ 0,044 Au...... 0,017 Ag + Au. 0,061	

Épreuves sur papier simplement salé.

TEMPS DE POSE.	NUMÉROS D'ORDRE.	DONNÉES NUMÉRIQUES.	RÉSULTATS DES EXPÉRIENCES.
2 h.	N° 61. Portion non virée.	Ag........ 0,304	0gr,054 d'or équivalant à 0,088 d'argent, la portion virée (n° 62) devrait renfermer 0,304 — 0,088 = 0,216 de ce métal; or l'expérience a donné 0,246; donc on trouve dans ce cas pour la proportion d'argent............. 0,030 en excès.
	N° 62. Portion virée.	Ag........ 0,246 Au...... 0,054 Ag + Au. 0,300	
15 m.	N° 63. Portion non virée.	Ag........ 0,095	0gr,025 d'or équivalant à 0,041 d'argent, la portion virée (n° 64) devrait renfermer 0,095 — 0,041 = 0,054 de ce métal; or l'expérience a donné 0,069; donc on trouve dans ce cas pour la proportion d'argent .... 0,015 en excès.
	N° 64. Portion virée.	Ag........ 0,069 Au...... 0,025 Ag + Au. 0,084	

Des nombres qui précèdent il résulte que dans le cas où les virages dits alcalins s'appliquent à une épreuve non fixée, cette épreuve renferme, une fois les opérations terminées, une quantité d'argent constamment plus grande que celle exigée par la substitution de ce métal à 2 équivalents d'or. Cette anomalie s'est présentée déjà lorsque nous avons considéré les virages avant fixage fournis soit par le chlorure d'or neutre, soit par un protosel d'or, et nous l'avons expliquée dans ces deux cas en considérant l'excès constaté comme afférent, non pas à l'argent restant sur la feuille, mais à l'or accidentellement déposé par une double décomposition entre le bain de virage et le nitrate d'argent libre adhérant à la feuille. La même cause produit ici le même effet.

Dans le cas des virages dits alcalins comme dans les précédents, nous pouvons donc conclure que le remplacement de l'or par l'argent se produit dans des conditions atomiques toutes les fois qu'un phénomène accessoire ne vient pas troubler la régularité du phénomène.

Nous ne ferons que constater un résultat bien connu des photographes en ajoutant que les virages de cette sorte marchent avec une grande régularité, et qu'ils donnent de très-beaux tons; leur emploi est du reste facile, et c'est à ces qualités qu'ils doivent d'être adoptés aujourd'hui d'une manière presque générale.

Conclusions. — Les nombreux essais qui précèdent, la comparaison des données numériques que renferment les tableaux ci-dessus nous conduisent aux conclusions suivantes :

1° Dans tous les procédés de virage, lorsque n'intervient aucun phénomène accessoire, le remplacement de l'argent par l'or se fait dans les proportions atomiques exigées par la nature du sel d'or employé.

2° Ce remplacement a lieu sur les portions formées d'argent par une simple substitution, et sur les portions formées d'argent et de matière argentico-organique par une double décomposition qui à la place de celle-ci forme un composé organico-aurique correspondant, et analogue aux combinaisons qui se produisent, en teinture, entre les tissus organiques et les matières colorantes. Nous croyons d'ailleurs que c'est à cette combinaison organico-aurique que l'épreuve doit tout son éclat.

3° Ce remplacement de l'argent par l'or a lieu également

sur les grands noirs et sur les demi-teintes ; toutefois, il paraît être plus rapide sur les parties peu colorées, et cet effet s'explique aisément par la moindre épaisseur de ces parties.

4° Le dépôt d'or est également beaucoup plus rapide sur une épreuve simplement salée et dont l'image est par suite formée en majeure partie d'argent, que sur une épreuve simplement albuminée et dont l'image, par suite, est presque uniquement formée d'une sorte de laque argentico-organique sur laquelle doit s'accomplir la double décomposition dont nous avons parlé plus haut.

5° La comparaison des résultats fournis par les quatre classes de procédés que nous venons d'examiner démontre que l'application des solutions d'or acidulées par l'acide chlorhydrique ne peut être faite avec succès ; que l'hyposulfite double d'or et de soude ne donne de résultats avantageux qu'en présence d'un excès d'ammoniaque ou d'hyposulfite de soude, cas auquel il rentre dans la catégorie des virages alcalins, et qu'en somme c'est seulement dans l'emploi de bains neutres ou alcalins que nous devons chercher les conditions pratiques du virage.

Conditions pratiques du virage. — La première question qui, au point de vue de la photographie pratique, doive fixer notre attention, est celle-ci : quel que soit le bain employé, le virage doit-il avoir lieu avant ou après le fixage? La théorie aussi bien que la pratique démontrent nettement que dans les procédés actuels le virage doit précéder le fixage. En effet, lorsque le virage a lieu sur une épreuve déjà fixée, l'or, en se déposant, détermine la formation d'une quantité équivalente de chlorure d'argent ; sans doute celui-ci reste pour la plus grande partie enfermé dans les portions colorées et ne semble pas devoir altérer la pureté des blancs de l'image ; cependant on ne saurait, sans danger, laisser dans l'épreuve une substance qui doit forcément noircir sous l'action lumineuse, et par conséquent modifier le ton général. Aussi un deuxième fixage compliqué de la série de lavages qu'il entraîne devient-il alors nécessaire (1).

D'un autre côté, l'expérience démontre que la laque argen-

---

(1) Dans le cas seulement où le bain de virage se trouverait composé de sel d'or mélangé d'un excès d'hyposulfite de soude, cet inconvénient disparaîtrait, mais l'épreuve se trouverait alors exposée à tous les accidents qu'amène l'emploi des composés sulfurés.

tico-organique qui forme l'image au sortir du châssis subit, au contact du fixateur, un changement de ton fâcheux et perd toute aptitude à se recouvrir, dans le bain d'or, des tons chauds et vigoureux qu'y prennent les épreuves dont la matière colorée n'a subi aucune modification.

Ce premier point établi, nous devons nous préoccuper de déterminer les conditions les meilleures à remplir dans la composition du bain de virage. Entre les bains absolument neutres et ceux que l'on désigne sous le nom d'alcalins existe, au point de vue de la pratique, une analogie que l'on ne soupçonnerait pas d'abord. En effet, ce qui, à nos yeux, caractérise les uns comme les autres, ce qui leur communique les qualités précieuses que chacun recherche, c'est que, dans les uns comme dans les autres, l'acide chlorhydrique est complétement éliminé.

Lorsque, dans une solution acide de chlorure d'or, on ajoute un sel à acide faible, tel que les carbonate, acétate, borate, etc., de soude, la première action de ce sel est d'abandonner sa base à l'acide chlorhydrique pour mettre en liberté les acides carbonique, acétique, borique, etc. De là une solution dont le caractère essentiel est de ne plus renfermer d'acide chlorhydrique libre, et qui peut se présenter, ou bien à l'état de neutralité parfaite, ou bien avec une réaction légèrement acide si le chlorure d'or renfermait beaucoup d'acide chlorhydrique, et si le sel ajouté n'est que peu alcalin, ou bien avec une réaction alcaline, si ce même sel a été employé à l'état franchement alcalin et en excès suffisant.

Si l'on soumet à la sanction de la pratique des bains d'or préparés dans ces trois conditions, on reconnaît que les uns et les autres peuvent donner de bons résultats, mais avec des différences de ton et de rapidité qui laissent à l'appréciation artistique une marge assez grande. Nous avons vérifié ce fait de la manière suivante : quatre bains ont été préparés, le premier avec du chlorure d'or parfaitement neutre, le deuxième avec le même chlorure légèrement acidulé par l'acide acétique, le troisième avec le même chlorure franchement alcalinisé par le carbonate de soude, le quatrième enfin pris comme terme de comparaison constituait le virage à l'acétate de soude fondu, et par suite légèrement alcalin, proposé par M. l'abbé Laborde. En plaçant ces bains dans les mêmes conditions, nous avons reconnu que la rapidité du virage croît en proportion directe de l'acidité, c'est-à-dire que le bain au carbonate de soude est plus lent que celui à l'acide acétique, et que le ton des épreuves virées et *fixées*, partant du rouge avec l'acide acétique, passant par le violet avec le bain parfaitement neutre, atteint avec les bains alcalins une coloration noire d'autant plus prononcée, que la proportion d'alcali est plus considérable.

Il résulte de cet essai que le photographe peut, à son gré, placer son bain de virage dans telle condition d'acidité (par un acide faible), d'alcalinité ou de neutralité qu'il désire ; il a ainsi entre les mains une véritable palette qui lui permet de varier à volonté le ton de ses épreuves. Les nombreuses formules conseillées chaque jour pour des bains de virage prétendus nouveaux n'atteignent d'autre résultat que de placer, avec plus ou moins de justesse, la solution d'or dans l'une ou l'autre de ces trois conditions.

Pour constituer un bon bain de virage, il faut donc prendre un sel d'or convenable et l'additionner d'un sel capable de modifier la solution dans l'une des trois directions que nous venons d'indiquer.

Le sel d'or sera préférablement l'un des chlorures doubles dont M. Fordos a conseillé l'emploi ; le chlorure d'or du commerce, c'est-à-dire le chlorhydrate de chlorure d'or Au^2Cl^3, ClH doit être entièrement banni des préparations photographiques : l'acide en excès qu'il renferme, ses propriétés déliquescentes, la facilité avec laquelle il se prête à la falsification, sont autant de causes qui doivent le faire rejeter d'une manière absolue.

Au chlorure double d'or et de sodium ou de potassium, on ajoutera le corps qui doit compléter la préparation et dont la nature devra être déterminée d'après le but qu'on se propose.

Si l'on veut un bain neutre, on ajoutera dans la solution renfermant 1 gramme de chlorure double par litre, une pincée de craie en poudre, puis, après avoir agité quelques instants, on filtrera ; le bain rendu ainsi parfaitement neutre, et employé seul, donnera de très-beaux tons d'un noir violacé et variant suivant le temps pendant lequel sera prolongée l'opération.

Si l'on veut un bain acide, après avoir neutralisé et filtré comme ci-dessous, on ajoutera à la solution quelques gouttes d'acide acétique, de manière à rougir très-légèrement la teinture de tournesol, et l'on obtiendra ainsi un bain qui communiquera aux épreuves un ton que le contact du fixateur rendra d'autant plus rouge, que la quantité d'acide ajoutée aura été plus considérable.

Enfin, si l'on veut un bain alcalin et donnant par suite une coloration tirant sur le noir, on ajoutera à la solution, sans prendre la peine de la neutraliser, et jusqu'à ce qu'elle présente une réaction alcaline, l'un quelconque des différents sels proposés jusqu'ici. Les carbonate, bicarbonate, phosphate et borate de soude, l'acétate de soude *fondu*, etc., remplissent également bien le but. Le chlorure de chaux le remplit aussi, mais nous en repoussons l'emploi, parce que l'hypochlorite qu'il renferme peut provoquer la décomposition du bain de fixage, et attaque d'ailleurs la pâte du papier. Ce corps n'agit du reste que par la chaux en excès qu'il contient; l'hypochlorite n'y contribue en aucune façon, et il est facile de vérifier le fait, en employant, ainsi que nous l'avons fait avec succès, l'eau de chaux seule pour alcaliniser le bain de virage et obtenir des tons noirs satisfaisants.

Il est, du reste, impossible de préciser *à priori* la proportion de substance acide ou alcaline que le photographe devra ajouter à son bain de virage; l'expérience seule peut lui apprendre quelles sont les quantités de l'un ou de l'autre qui conviennent le mieux pour faire virer vers les tons rouges ou les tons noirs qu'il peut préférer la teinte noire-violacée que fournit le bain chimiquement neutre et que l'on doit considérer comme la teinte normale des bons virages.

Modifications spontanées des bains de virage; leur influence sur les conditions pratiques de l'opération. — Les recherches qui précèdent ont établi nettement que les solutions aurifères chargées d'acide chlorhydrique libre devaient être exclues du travail photographique, et que les bains de virage pouvaient être employés ou bien à l'état de neutralité parfaite, ou bien après avoir été rendus plus ou moins alcalins, ou bien après avoir été légèrement acidifiés par un acide faible, tel que l'acide acétique ; elles ont montré, en outre, combien il est aisé pour l'artiste de faire virer chaque épreuve dans le ton qu'il désire, noir violacé, noir ou rouge, en employant avec discernement des bains satisfaisant soit à l'une, soit à l'autre de ces trois conditions.

Après avoir ainsi résolu d'une manière générale la question pratique du virage, nous devons examiner les modifications que le temps apporte à la constitution de ces différents bains, et rechercher si ces modifications exercent sur la marche régulière de l'opération une influence dont il faille tenir compte. L'expérience démontre qu'il en est ainsi ; mais elle établit aussi que les trois classes de bains dont nous avons spécifié les rôles respectifs subissent, sous l'action du temps, des sorts différents ; aussi l'étude de chacun d'eux doit-elle être faite isolément, même à ce point de vue.

1° Examinons d'abord les bains amenés à l'état de neutralité absolue, et considérés par nous comme constituant le mode normal de virage.

Si l'on prend un bain d'or formé de 1 gramme de chlorure double d'or et de potassium dissous dans un litre d'eau, si l'on projette dans cette solution une pincée de craie en poudre fine, et si, après avoir agité quelques instants, on filtre, on obtient une liqueur absolument neutre et colorée en jaune clair. Mais cette liqueur ne reste pas longtemps en cet état ; il suffit de l'abandonner à elle-même pour la retrouver, au bout de vingt-quatre heures environ, entièrement décolorée. Une transformation s'est opérée spontanément dans sa constitution chimique.

Cette transformation est accompagnée, du reste, d'une modification profonde dans les propriétés virantes du bain. Au moment même de sa préparation et alors qu'il était encore jaune, il suffisait d'y laisser les épreuves quelques secondes pour obtenir le virage ; peu à peu le temps nécessaire pour obtenir le même résultat est devenu plus considérable, et enfin, lorsque la transformation est complète, ce n'est plus par secondes, c'est par minutes qu'il faut compter. Ce n'est pas tout encore : les épreuves obtenues dans le premier cas sont plus fades, plus creuses que celles préparées dans le second.

Si nous cherchons la cause de cette modification dans la nature et les effets des bains de virage neutre, nous la trouvons dans ce fait remarquable que le perchlorure d'or Au^2Cl^3, amené à l'état de neutralité parfaite en présence des chlorures de potassium, sodium, etc., se transforme spontanément en un sel de protoxyde. Pour le démontrer, nous avons utilisé une réaction fort nette due à M. Fordos, et basée sur la production du proto-iodure d'or Au^2I. M. Fordos a démontré que, quand, dans une solution assez concentrée de protosel d'or, on verse quelques gouttes d'iodure de potassium, il se précipite une poudre jaune de proto-iodure, mais que la même réaction tentée avec une solution de persel d'or donne naissance à une précipitation d'iode libre qui impose sa coloration brune à l'iodure précipité en même temps que lui. En appliquant cette réaction à des bains de virage fraîchement préparés, encore jaunes, et à des bains anciens et décolorés, ou mieux, en substituant à ces liqueurs trop étendues des solutions de même nature, mais beaucoup plus concentrées, nous avons vu l'iodure de potassium donner, dans les solutions anciennes, un précipité d'un jaune franc, dans les solutions récentes un précipité brunâtre formé d'un mélange d'iodure et d'iode libre. La netteté de cette réaction est telle, qu'elle sufffit amplement à caractériser ces deux ordres de solutions et à démontrer que le persel d'or jaune dont le bain est primitivement formé se réduit peu à peu à l'état de protosel incolore.

Cette réduction est du reste facile à expliquer théoriquement; le perchlorure d'or Au^2Cl^3 est peu stable, il abandonne avec facilité l'excès de chlore qu'il renferme, pourvu qu'il rencontre près de lui une substance oxydable. Or, telle est la condition des chlorures de potassium, sodium, calcium, etc., qui l'accompagnent dans le bain ; sous l'influence du perchlorure d'or Au^2Cl^3, et, en l'absence de toute matière acide, ces chlorures s'oxydent et passent à l'état de chlorates par un procédé absolument semblable à celui qu'emploie aujourd'hui la grande industrie pour la préparation du chlorate de potasse, et qui consiste à traiter le chlorure de potassium par l'hypochlorite de chaux.

Quant à l'influence exercée sur le virage lui-même par la réduction du persel d'or à l'état de protosel, ou, pour parler le langage technique, par la décoloration du bain, elle est également d'une explication facile. Il suffit, en effet, de se reporter au § II de nos essais (virage au protoxyde d'or), pour reconnaître que la quantité d'or déposée en un temps donné par un protosel d'or est beaucoup inférieure à celle que déposerait dans le même temps un persel du même métal. De là résulte une lenteur nécessaire dans l'opération du virage, lorsque le bain employé est ancien et décoloré; l'or se dépose moins vite, parce que le protosel est plus stable que le persel, et le virage par suite est plus lent.

Mais si l'épreuve, pour virer, exige alors quelques minutes au lieu de quelques secondes, elle est aussi plus riche de ton, plus vigoureuse que si elle avait été obtenue dans un bain fraîchement préparé, renfermant encore l'or à l'état de perchlorure. La pratique le démontre et la théorie l'explique. En effet, lorsque l'agent de virage est un sel d'or au maximum, $Au^2 Cl^3$, par exemple, le dépôt sur l'épreuve de deux équivalents d'or Au^2 transforme en chlorure d'argent soluble dans les fixateurs trois équivalents d'argent Ag^3; lorsqu'au contraire l'agent de virage est un sel d'or au minimum $Au^2 Cl$, le dépôt des deux équivalents d'or Au^2 ne transforme en chlorure d'argent soluble dans les fixateurs qu'un seul équivalent d'argent Ag; et par suite, l'argent métallique ou combiné à la matière organique, auquel est due la coloration de l'épreuve, disparaît en quantité trois fois plus grande dans le premier que dans le second cas; de là un affadissement des parties colorées lorsque le bain est neuf, un enrichissement, au contraire, des mêmes parties lorsque le bain, ancien et décoloré, a été ramené au minimum d'oxydation.

Les considérations qui précèdent établissent que le bain de virage neutre ou normal peut, par suite des modifications spontanées qu'il subit, donner naissance à deux modes de virage: un premier, rapide, affadissant un peu l'épreuve lorsque le bain est récemment préparé; un second, lent, donnant des tons plus beaux lorsque la liqueur aurifère s'est spontanément décolorée. C'est au photographe à choisir, suivant ses goûts, entre ces deux manières de faire.

Cependant nous devons insister sur les avantages que présente la deuxième des deux marches que nous venons d'indiquer; ces avantages ne consistent pas seulement dans la beauté plus grande des tons obtenus; à cette qualité il faut ajouter la possibilité de continuer au bain, d'une manière presque indéfinie, la propriété de faire virer les épreuves. Si le photographe désire suivre une marche rapide en opérant avec des liqueurs fraîchement préparées, il lui faut, aussitôt que l'activité du bain se ralentit, jeter celui-ci aux résidus ; mais s'il préfère le virage lent avec le bain neutre décoloré, il n'a plus besoin de jeter jamais ainsi la solution aurifère ; il lui suffit d'ajouter à celle-ci, après chaque opération, la quantité d'or que les feuilles virées lui ont enlevée, pour la maintenir toujours en un état convenable à de nouveaux virages.

La détermination des quantités d'or que le photographe peut ainsi ajouter à son bain pour lui conserver une continuité d'action presque indéfinie ne saurait être fixée d'une manière bien absolue ; trop de causes mécaniques interviennent pour modifier en plus ou en moins les proportions d'or enlevées par le virage de chaque feuille ; cependant on peut les indiquer d'une manière approximative.

Les quantités d'or déposées sur chaque feuille pendant l'opération du virage sont très-peu considérables, ainsi qu'on peut s'en convaincre en examinant les résultats de nos analyses, elles atteignent au plus $0^{gr},020$ sur une feuille mesurant 44 centimètres sur 57, noircie dans toute son étendue ; et comme, en général, dans une épreuve ordinaire, la somme des parties claires peut être considérée comme moyennement égale à la somme des parties colorées, il est permis d'admettre que, sur une épreuve de ce genre, la quantité d'or déposée ne dépasse pas la moitié du chiffre ci-dessus indiqué. Chaque feuille de 44×57 enlève donc au bain, par le fait même du virage, $0^{gr},010$ d'or métallique ; mais à cette cause chimique d'appauvrissement vient se joindre une autre cause mécanique et dont il faut tenir compte. Chaque feuille arrive mouillée dans le bain, et elle en sort mouillée également ; mais, tandis qu'elle apporte de l'eau pure, elle emporte de la solution aurifère. L'expérience démontre qu'une feuille bien humectée, à la surface de laquelle l'eau ruisselle encore, mais dont le liquide ne s'échappe plus que goutte à goutte, emporte environ 10 à 15 centimètres cubes de la liqueur où elle vient d'être plongée. Chaque feuille enlève donc au bain de virage la quantité d'or contenue dans ces 10 ou 15 centimètres cubes, et cette quantité doit être ajoutée à celle qu'a enlevée normalement l'opération chimique.

Or le bain étant fait, par exemple, à la richesse de 1 de chlorure double d'or et de potassium pour 1000 d'eau, ces 10 à 15 centimètres cubes enlèvent au bain de $0^{gr},010$ à $0^{gr},015$ de

sel double. D'autre part, les o^{gr},o1o d'or déposés par le virage
correspondent à o^{gr},o21 de chlorure double d'or et de potassium. Donc chaque feuille de 44 × 57 enlève au bain environ o^{gr},o3o de sel aurique. C'est cette quantité qu'il faudra
ajouter au liquide après le virage pour le maintenir dans un
état de richesse convenable. Un moyen très-simple d'y parvenir consiste à conserver, à côté du bain opérant d'une manière continue, une solution de même nature, mais beaucoup
plus concentrée, renfermant, par exemple, 3 grammes de chlorure double d'or et de potassium par litre. Une telle solution
contient o^{gr},oo3 de sel double par centimètre cube, et par suite
la quantité enlevée par chaque feuille, soit o^{gr},o3o, se trouve
contenue dans 1o centimètres cubes. Lors donc que le virage
d'un certain nombre d'épreuves est terminé, il suffit d'ajouter
au bain affaibli autant de fois 1o centimètres cubes de la solution bien neutre et décolorée à 3 pour 1ooo, qu'il a passé dans
le bain de feuilles mesurant 44 × 57. On obtiendra ainsi un
bain qui marchera continuellement, sans s'altérer, et qu'il ne
sera jamais nécessaire de jeter aux résidus. Mais, nous devons le
répéter encore, les nombres que nous venons d'indiquer ne sont
que des approximations : on ne saurait donner d'indications ab-
solues, car l'intensité plus ou moins grande de chaque épreuve,
la porosité plus ou moins grande de chaque feuille doivent nécessairement faire varier les quantités d'or enlevées au bain.
D'ailleurs, il sera toujours facile au photographe, soit d'enri-
chir son bain en ajoutant une quantité plus grande de la solution à 3 pour 1ooo, soit de l'appauvrir en l'étendant d'un peu
d'eau.

2° Les bains de virage à réaction alcaline se comportent
d'une manière différente, et n'offrent pas les mêmes avantages
que le bain absolument neutre. Quelle que soit la substance
adoptée pour les rendre alcalins, les modifications que ces
bains subissent sont toujours les mêmes et le résultat est toujours identique. Jaunes d'abord, ils se décolorent bientôt par
suite du passage du perchlorure d'or à l'état de protosel ; au
bout de 24 à 48 heures, cette transformation est complète ;
tandis que cette réduction s'accomplit, le virage se produit régulièrement ; mais au fur et à mesure qu'elle approche de son terme, l'activité du bain se ralentit, et lorsqu'enfin elle est terminée, celui-ci est devenu absolument

impropre au virage; l'épreuve peut y séjourner une heure entière, sans subir de changements dans sa coloration.

Cependant le bain est loin alors d'être épuisé; il est rare que, pendant la période de transformation, on puisse y virer avec succès plus de 10 à 15 feuilles de 44×57, et le temps pendant lequel son emploi est possible se trouve généralement limité aux 24 ou 48 heures qui suivent sa préparation.

Cette cessation rapide des propriétés colorantes du bain ne saurait être attribuée à d'autres causes qu'à l'extrême stabilité qu'acquièrent les protosels d'or en présence d'un excès d'alcali. Le virage n'a lieu, dans ces conditions, que tant qu'il reste une certaine quantité de sel d'or encore au maximum ; et si quelques opérateurs ont assuré pouvoir produire le virage avec des bains anciens et considérés par eux comme alcalins, c'est que ces bains étaient en réalité formés de solutions neutres.

Les bains à réaction véritablement alcaline sont donc loin d'être épuisés lorsqu'ils ne satisfont plus aux conditions du virage ; ils renferment encore de l'or en proportion considérable. Nous avons voulu vérifier directement l'importance de cette proportion, et nous avons soumis à l'analyse deux bains de ce genre qui, l'un et l'autre, avaient servi au virage de douze feuilles. Le premier renfermait encore $0^{gr},303$, le second $0^{gr},346$ de métal précieux ; et si l'on réfléchit que chacun de ces bains en avait contenu primitivement $0^{gr},465$, on voit que dans le premier cas 35 pour 100, et dans le second 24 pour 100 seulement du composé aurifère avaient servi d'une manière utile au virage. Il est à remarquer d'ailleurs qu'en ajoutant à chacun de ces deux nombres la quantité d'or enlevée par les douze feuilles virées, quantité que nous avons estimée à $0^{gr},120$ environ, on retombe sur des nombres très-rapprochés de la quantité d'or employée à la formation du bain, quantité égale $0^{gr},465$ et correspondant à 1 gramme de sel double.

Les analyses qui précèdent montrent l'importance que les photographes doivent attacher aux vieux bains d'or, lorsqu'ils emploient des solutions renfermant un excès d'alcali, et avec quel soin ils doivent les recueillir pour en extraire l'or qui s'y trouve encore contenu au moyen des procédés que nous exposerons bientôt en décrivant le traitement des résidus, et qui deviennent inutiles avec l'emploi des solutions absolument neutres.

Cependant, les bains devenus impropres au virage peuvent être révivifiés et ramenés à un état tel, qu'ils rentrent immédiatement dans le travail photographique au moyen d'un procédé que M. Himes, le premier, a fait connaître dans le cours de l'année 1862. Ce procédé consiste dans l'addition, au bain décoloré, d'une quantité d'acide chlorhydrique suffisante pour ramener ce bain à l'état franchement acide ; en le traitant ensuite comme nous l'avons indiqué plus haut, et le transformant en une solution neutre au moyen de la craie, alcaline au moyen de carbonates, acétates, etc., de soude, ou acide par un acide faible ajouté après la neutralisation, on replace évidemment cette solution dans les conditions d'un bain fraîchement préparé. Cette transformation est due au retour du composé d'or que renferme le bain décoloré à l'état de persel ; cette réoxydation par la simple addition de l'acide chlorhydrique, réoxydation dont la coloration jaune de la liqueur est la preuve, serait fort difficile à expliquer, si l'on ne réfléchissait que la réduction primitive du perchlorure d'or a mis en liberté deux équivalents de chlore, et que ces deux équivalents ont dû réagir sur les matières alcalines que renferme le bain, pour former un hypochlorite ou un chlorate. Ce sont ces composés oxygénés qui, détruits par l'addition de l'acide chlorhydrique, mettent en liberté du chlore et de l'oxygène, qui font de nouveau passer l'or à l'état de persel, c'est-à-dire le ramènent à son état primitif. On peut donc, au moyen de cette méthode, restaurer un vieux bain devenu impropre au virage, mais il ne faut pas oublier que la proportion d'or s'y trouve considérablement diminuée par les opérations précédentes, et que par suite on ne saurait en attendre des résultats comparables à ceux que fournissent les bains neufs (1).

3° Les bains de virage acidulés par un acide faible, tel que l'acide acétique, semblent posséder la même stabilité que les bains chargés en acide chlorhydrique. Ils restent jaunes, et ne s'altèrent que sous l'influence lumineuse, comme le font toutes les solutions aurifères, en laissant déposer une partie du métal

---

(1) M. Regnault, de l'Institut, nous a dit être arrivé au même résultat que M. Himes en ajoutant au bain décoloré une parcelle d'iode. La réaction qui se produit doit alors être la même ; l'iode décompose le chlorate, pour se transformer lui-même en produit oxygéné, et mettre en liberté du chlore qui ramène le sel d'or au maximum.

qu'ils renferment. Cette stabilité, facile du reste à prévoir, leur permet de conserver la propriété de faire virer les épreuves, tant qu'ils renferment une quantité d'or suffisante ; ils offrent en cela une analogie complète avec les bains acidulés par l'acide chlorhydrique, sur lesquels ils ont l'avantage de ne point détruire les demi-teintes.

Cette classe de bains, du reste, doit peu nous occuper ; les colorations qu'ils fournissent ne sauraient être recherchées que dans quelques cas spéciaux ; en effet, quelque beau ton bleuâtre que l'épreuve prenne dans un bain de virage acidulé de cette façon, on est toujours sûr de la voir revenir à une coloration rouge au contact du fixateur.

En résumé, les bains de virage absolument neutres peuvent donner naissance à deux modes d'opérer : l'un est rapide, l'épreuve vire en quelques secondes, mais la présence du perchlorure d'or, dont la réduction n'est pas encore complète, affadit légèrement l'épreuve ; l'autre est lent, il exige plusieurs minutes, mais le protosel d'or que la liqueur renferme dépose, proportionnellement à l'argent dont la feuille est revêtue, une quantité d'or plus grande, et l'épreuve est plus vigoureuse et plus riche. En outre, ce mode d'opérer permet d'employer presque indéfiniment le même bain de virage, sans jamais jeter de solutions aurifères aux résidus.

Les bains à réaction alcaline ne marchent convenablement que pendant leur période de transformation, alors que le perchlorure d'or se réduit peu à peu ; ils ne peuvent servir qu'à un petit nombre d'épreuves, et doivent être mis aux résidus alors qu'ils renferment encore les deux tiers environ de l'or qu'on y avait introduit.

Enfin les bains acidulés par un acide faible ne subissent aucune modification spontanée, et les conditions de leur emploi restent indéfiniment les mêmes.

CHAPITRE VII.

DE L'ALTÉRATION DES ÉPREUVES ET DE LEUR RÉVIVIFICATION.

Les expositions d'œuvres photographiques offraient, il y a quinze ans à peine, un assez triste spectacle ; en l'espace de quelques mois, souvent de quelques semaines, les épreuves que les photographes y avaient apportées brillantes de ton et

de fraîcheur se trouvaient transformées en images fades,
jaunes et décolorées. Quelques-unes seulement, dues à des
opérateurs plus habiles ou plus heureux, survivaient au dé-
sastre général et conservaient leur coloration primitive. Les
choses sont, à ce point de vue, bien changées aujourd'hui, et
les expositions photographiques présentent un tout autre aspect. Les épreuves, pendant les longs mois qu'elles restent exposées au soleil et à la lumière, ne subissent en général aucune altération ; telles elles étaient le premier jour, telles
elles sont encore le dernier.

Dès l'origine de sa fondation, la Société française de Photographie comprit la gravité de cette altération des épreuves
positives, et la question devint l'objet de ses plus vives préoc-
cupations. Notre attention fut alors appelée sur cet important
sujet par quelques-uns des savants considérables que la Société comptait déjà parmi ses membres, et notamment par
notre président M. Regnault.

Il y avait là, en effet, un intéressant sujet d'études ; la formation des épreuves photographiques, leur altération étaient
autant de phénomènes mystérieux que la science avait jusque-là négligé d'approfondir. Sans nous effrayer des difficultés de la tâche qui nous était offerte, nous entreprîmes cette
étude, et nous fûmes assez heureux pour pouvoir, dès l'année 1855, préciser les points principaux de la question.

Déjà quelques photographes habiles avaient émis l'opinion
que l'hyposulfite devait être la cause de l'altération des épreuves, mais aucune démonstration n'avait été donnée du fait, et
l'hypothèse avait été laissée de côté. Déjà quelques expérimentateurs, profitant des travaux de M. Fizeau, avaient, par
une sorte d'intuition, proposé l'emploi des sels d'or pour le
virage des épreuves positives ; mais la majorité des photographes négligeait l'emploi de ces sels dont personne n'avait
encore démontré l'utilité.

Dans un Mémoire présenté à la Société française de Photographie, le 19 octobre 1855, Mémoire qui est resté le
programme de ces longues recherches que nous développons
devant elle depuis près de dix ans, nous avons été assez heureux pour spécifier les causes de l'altération des épreuves positives, en expliquer la nature et la théorie, indiquer des
procédés certains pour rendre inaltérables les dessins photogra-

phiques et même faire connaître une méthode sûre pour entraver l'altération des épreuves mal préparées, et leur rendre, au moins en partie, leur valeur primitive. C'est de l'époque de cette publication que date l'amélioration régulière des procédés d'impression positive.

L'étude de l'altération des épreuves était, dès ce moment, à peu près complète, et nous n'avons guère aujourd'hui qu'à rappeler les traits principaux de notre premier travail. Un point théorique était cependant resté obscur; nous n'avions pu, en 1855, préciser la cause de la coloration jaune qui caractérise les *épreuves passées*; c'était là une lacune dont nous avons alors compris l'importance, et que des recherches plus approfondies nous permettent de combler aujourd'hui.

Le premier point établi lors de l'étude faite par nous, en 1855, est le suivant : toutes les épreuves passées renferment du soufre dont il est facile de révéler la présence et de doser la quantité par les moyens analytiques ordinaires. Lorsque l'épreuve est entièrement passée, franchement jaune dans toute son étendue, les proportions de soufre et d'argent qu'elle renferme se rapprochent des quantités théoriques qu'exige la formule du sulfure d'argent AgS.

Il était naturel de déduire de cette observation la conséquence que l'altération des épreuves est due à une sulfuration. Peur vérifier s'il en est bien réellement ainsi, notre premier soin a été de soumettre à l'action de composés sulfurants des épreuves fraîchement fixées et, par suite, formées uniquement d'argent et de laque argentico-organique. Les sulfures alcalins en solution ont été nos premiers réactifs, et nous avons constamment reconnu qu'abandonnées pendant un temps suffisant dans une solution de cette nature, les épreuves les mieux fixées s'altèrent et se colorent en jaune. Cependant, l'altération ne se produit pas d'une manière immédiate; un phénomène transitoire la précède; dans les premiers moments de l'immersion, l'épreuve prend un ton noir-violacé assez agréable à l'œil, mais cette coloration est fugace; qu'on laisse l'épreuve dans le bain sulfurant ou qu'on l'en retire à ce moment pour la laver et la laisser sécher, l'effet est toujours le même; au bout de peu de temps l'épreuve est complétement jaunie.

L'hydrogène sulfuré, dont nous avons essayé l'action après

celle des sulfures alcalins, devait nous fournir le moyen d'expliquer la succession de ces deux phénomènes différents. En effet, employé en dissolution aqueuse, ce réactif se comporte, vis-à-vis des épreuves fixées, de la même façon que les sulfures alcalins ; il les colore d'abord en noir, puis en jaune ; mais il n'en est plus de même si l'on opère dans des conditions de siccité absolue.

En effet, une épreuve fixée, desséchée soigneusement à la température de 110 degrés, et sur laquelle on dirige un courant d'hydrogène sulfuré parfaitement sec, se colore en violet, elle vire en un mot, et, quelque prolongé que soit le courant de gaz, sa coloration ne change pas. Mais il suffit de la plus faible trace d'eau pour modifier cet état de choses ; il suffit que le gaz arrive légèrement humide pour que la coloration violette tourne au jaune ; il suffit d'une légère immersion de quelques instants dans l'eau chaude, d'une heure au plus dans l'eau froide, pour qu'une épreuve ainsi virée passe entièrement au jaune.

La netteté des expériences qui précèdent ne laisse rien à désirer ; elles montrent que l'altération des épreuves positives est due à l'action simultanée des composés sulfurants et de l'eau ; elles établissent que l'hydrogène sulfuré seul, que l'humidité seule ne suffisent pas à faire passer une épreuve positive, et que la réunion de ces deux agents est indispensable ; elles permettent d'expliquer pourquoi telle épreuve, placée dans un portefeuille où mille causes ont pu accumuler l'humidité, s'est altérée, tandis que telle autre épreuve, préparée en même temps et de la même manière, a subi sans altération l'exposition à la lumière dans un lieu sec.

Les causes qui peuvent placer les épreuves positives dans les conditions que nous venons de préciser sont de trois sortes :

1° Les bains de virage formés d'hyposulfite de soude acidulé ou chargé de sels d'argent. Ces bains ont été longtemps en faveur ; mais, grâce aux recherches dont nous avons publié dès 1855 les résultats, ils ont aujourd'hui à peu près disparu de la pratique photographique : nous n'insisterons donc pas sur ce sujet ; nous nous contenterons seulement de rappeler que les bains de cette sorte doivent être absolument bannis de l'atelier. A cette classe de composés sulfurants se rattachent aussi ces bains de virage formés de sulfure de sodium ou de sulfhydrate d'ammoniaque, que quelques photographes ont eu l'imprudence de proposer et dont les expériences que nous venons de relater nous portent à proscrire également l'emploi de la manière la plus absolue.

2° Les lavages incomplets après le fixage à l'hyposulfite de soude. C'est là que gît le véritable danger d'altération. En effet, et surtout en présence de l'humidité, l'hyposulfite de soude restant dans la feuille attaque peu à peu l'argent dont celle-ci est couverte, le transforme lentement en sulfure, et bientôt, sous l'influence de cette altération, l'image perd ses tons frais et brillants pour prendre les tons jaunes et fades de l'*épreuve passée*. Mais il est facile de se mettre à l'abri de ce danger ; dans un précédent chapitre, nous avons expliqué soigneusement, et en détail, les conditions pratiques du fixage, et il suffira au photographe de suivre exactement nos prescriptions pour n'avoir rien à craindre de l'hyposulfite de soude. L'emploi des sulfocyanures alcalins, ainsi que nous l'avons également démontré, le garantiront mieux encore contre cette cause d'altération.

3° Enfin l'hydrogène sulfuré qui, normalement, existe toujours dans l'atmosphère, et surtout dans l'atmosphère des grandes villes. Mais cette cause d'altération est peu importante ; elle ne saurait avoir plus d'action sur une photographie que sur une peinture à l'huile ou un pastel ; et même, d'après les résultats que nous nous proposons maintenant d'exposer, son influence est sensiblement nulle, si l'épreuve a subi, au moyen des sels d'or, un virage énergique.

Dans le chapitre précédent, nous avons soigneusement étudié les conditions pratiques du virage, et exposé quelle était la nature des bains qui nous semblent devoir être préférés ; mais avant d'achever cette étude, nous avons dû rechercher quel degré de résistance à l'altération les divers procédés de virage proposés jusqu'à ce jour pouvaient donner à l'épreuve. Afin d'examiner ce fait, nous avons pris des épreuves préparées au moyen des procédés les plus divers, soit par nous, soit par d'autres expérimentateurs, et nous avons placé ces épreuves, toutes ensemble, à proximité d'émanations naturelles d'hydrogène sulfuré que nous nous abstiendrons de nommer, et dans une position telle, que l'humidité, la pluie même pussent, en même temps que l'hydrogène sulfuré, exercer leur action sur les composés argentiques des images. A ces épreuves prises parmi les œuvres ordinaires de la photographie, nous avions joint un fragment d'épreuve révivifiée par nous au moyen d'une immersion prolongée dans le chlorure d'or. Bien nous a pris de faire cette addition, car sans elle le résultat obtenu eût été déplorable au point de vue de l'avenir de la photographie; au bout de quelques mois, en effet, toutes les épreuves étaient passées, il n'en était pas une qui eût conservé sa coloration primitive. Mais il n'en était pas de même de l'épreuve révivifiée; sa coloration, due au dépôt considérable d'or dont elle était revêtue, n'avait pas subi la plus légère modification. D'un autre côté, en observant l'altération progressive des épreuves qui l'accompagnaient, nous avions pu très-nettement reconnaître que le passage de ces épreuves au ton jaune avait été d'autant plus rapide que leur virage avait été plus léger, c'est-à-dire que leur dorure avait été moins profonde.

Ces expériences établissent que les épreuves positives résistent d'autant mieux à l'altération qu'elles sont plus fortement virées, et que si la quantité d'or que les bains y ont déposée est considérable, elles n'ont rien à redouter des émanations naturelles d'hydrogène sulfuré humide.

Ainsi donc, des trois causes d'altération que nous avons signalées plus haut, la première n'existe plus, la deuxième peut être facilement évitée, et la troisième n'a aucune importance si l'épreuve photographique est fortement virée. Disons-le donc bien haut, *une épreuve bien lavée et fortement virée ne passe pas; l'altération n'est pas la destinée normale des épreuves ; c'est un sort accidentel qu'il est toujours facile de leur épargner.*

Les expériences que nous venons de décrire possèdent donc une grande importance pratique; elles en ont une non moindre au point de vue théorique : elles montrent, en effet, que dans l'acte de l'altération, c'est sur l'argent seul, et non sur l'or, que les composés sulfurés portent leur action.

Ici reparaît la difficulté qu'en 1855 nous n'avions pu résoudre. Si l'altération est due à l'action des composés sulfurés sur l'argent, comment expliquer que les épreuves altérées soient jaunes, lorsque, tout le monde le sait, le sulfure d'argent est d'un noir violet? C'est dans ces derniers temps seulement que nous avons trouvé la solution de ce problème; elle réside tout entière dans l'influence, sur le sulfure d'argent, de ces matières organiques qui jouent, dans les différentes phases de la production des épreuves positives, un rôle si considérable. En effet, le sulfure d'argent que l'on prépare par la décomposition d'un sel d'argent simple ne ressemble en rien à celui qu'on produit en opérant la même décomposition en présence des matières organiques employées habituellement à l'encollage des papiers. Qu'on prenne une dissolution d'azotate d'argent, et que dans cette dissolution on fasse passer un courant d'hydrogène sulfuré, on obtiendra le précipité ordinaire, noir-violacé, de sulfure d'argent; mais qu'à cette dissolution d'azotate d'argent on ajoute de l'amidon, de la gélatine, de l'albumine, et le produit formé par l'hydrogène sulfuré sera une sorte de laque due à la combinaison de la matière organique avec le sulfure d'argent, et cette laque, légèrement soluble, aura précisément cette teinte jaune qui caractérise les épreuves altérées.

Lors donc que l'argent métallique dont une épreuve est couverte se trouve soumis à l'action des composés sulfurants, il se forme d'abord du sulfure d'argent noir-violacé, et un virage réel se produit; mais peu à peu l'eau intervient, pénètre l'encollage et le gonfle, la combinaison s'opère entre le sulfure d'argent et la matière organique, et la laque de sulfure d'argent substitue au ton noir du sulfure sa coloration jaune.

Tels sont les phénomènes successifs qui s'accomplissent à la surface de l'épreuve si elle a été virée dans des bains sulfurants, si des lavages imparfaits l'ont laissée imprégnée d'hyposulfite de soude; si enfin elle se trouve exposée, après un virage insuffisant, à des émanations sulfhydriques exceptionnellement abondantes.

Révivification. — La question de la révivification des épreuves avait, lorsque pour la première fois nous nous en sommes occupés en 1855, une grande importance; aujourd'hui, cette importance a bien diminué. En effet, nous venons d'établir que l'altération est un fait anormal, dû à des préparations imparfaites que presque tous les opérateurs savent éviter aujourd'hui, et, dès lors, la restauration des épreuves altérées n'a plus qu'un intérêt secondaire.

Aussi décrirons-nous rapidement cette opération. C'est en soumettant l'épreuve à un nouveau virage que nous l'exécutons. Placée dans une solution aurifère, l'épreuve altérée vire et se colore comme une épreuve récemment préparée, mais avec plus de lenteur. Elle reprend ainsi une partie de l'éclat qu'elle avait perdu ; cependant ce serait se tromper que d'espérer lui rendre toute sa fraîcheur primitive. Ainsi que nous l'avons dit plus haut, la laque de sulfure d'argent et de matière organique est légèrement soluble, et, par suite, les demi-teintes les plus fines ont pu, après leur passage à l'état jaune, être entraînées par l'action de l'eau ; ces demi-teintes disparues, la révivification ne peut évidemment les restituer. En outre, il n'est guère d'épreuves passées dont les parties claires ne se trouvent teintées en jaune, sans doute par suite d'une altération de l'albumine qui recouvre le papier, peut-être par le séjour en ces parties de composés argentiques que des lavages imparfaits n'ont pu enlever ; dans le bain de révivification, cette teinte jaune ne disparaît pas ; au contraire, elle s'accuse davantage ; et si l'on veut, pour la faire disparaître, soumettre l'épreuve révivifiée à l'action de l'eau de chlore ou du chlorure de chaux, ces composés agissent en même temps sur les portions métalliques les moins épaisses de l'image et rongent les demi-teintes.

Quoi qu'il en soit, la révivification par les sels d'or fournit néanmoins, dans les circonstances ordinaires, des résultats assez satisfaisants ; elle fait disparaître le ton jaune des épreuves passées, leur substitue la coloration noire ou violette des épreuves ordinaires, et surtout empêche toute altération postérieure en remplaçant la surface d'argent éminemment sulfurable par une surface d'or d'une résistance presque absolue.

La meilleure manière de conduire une opération de révivification est la suivante : l'épreuve est détachée du support sur lequel elle a été collée, immergée dans l'eau jusqu'à ce qu'elle en soit bien imprégnée, puis abandonnée pendant quatre ou cinq heures dans une solution neutre, mais récemment préparée, de chlorure double d'or et de potassium ; la concentration de cette solution peut varier de 2 à 5 millièmes ; plus elle est concentrée, plus l'action est rapide. Lorsque la restauration paraît suffisante, on lave à l'eau ordinaire; ces lavages, aussi bien que l'immersion dans le bain d'or, doivent avoir lieu à l'abri de la lumière. L'épreuve lavée est ensuite passée à l'hyposulfite de soude, pour enlever le chlorure d'argent formé par double décomposition, puis lavée à l'eau suivant la méthode usuelle.

CHAPITRE VIII.

TRAITEMENT DES RÉSIDUS.

Le photographe, lorsqu'il est parvenu à préparer des épreuves positives d'un aspect agréable et d'une coloration solide, n'a cependant pas encore vaincu toutes les difficultés que comporte son art; un problème important reste à résoudre pour lui; ces épreuves belles et solides, il faut les obtenir dans des conditions économiques.

Sensibilisée sur le bain d'argent, chaque feuille emporte une quantité considérable de ce métal précieux; insolée, virée et fixée, elle n'en conserve plus qu'une minime portion; la presque totalité des composés argentiques s'est dissoute dans les différents réactifs employés à sa production, et, suivant l'expression technique, elle est *allée aux résidus*. C'est du traitement de ces résidus, de l'extraction des richesses qu'ils renferment que dépend l'économie à laquelle la photographie, comme toute opération industrielle, doit se trouver assujettie.

Nous nous proposons d'exposer dans ce chapitre la marche qui, suivant nous, doit être adoptée pour parvenir à ce but, et nous nous occuperons d'abord de déterminer avec exactitude quelle est l'importance des résidus photographiques.

Dans le cours de ces recherches, nous avons établi par l'analyse directe que chaque feuille mesurant 44×57 mise au contact avec le bain sensibilisateur enlève à celui-ci, partie à l'état d'azotate, partie à l'état de chlorure et d'albuminate d'argent, une quantité d'argent qui, dans des conditions moyennes, est égale à 2^{gr},390 et qui, par suite, correspond à 3^{gr},76 d'azotate. Une fabrication suivie sur une assez grande échelle nous a permis de vérifier l'exactitude de la proportion indiquée par l'analyse ; nous avons vu, en effet, la préparation de 419 grandes feuilles mesurant 44×57 enlever aux bains sensibilisateurs $1^k,588$ d'azotate d'argent, quantité correspondante à $2^{gr},400$ d'argent ou $3^{gr},77$ d'azotate par feuille. La concordance des résultats est frappante.

D'un autre côté, lorsque nous nous sommes occupés de comparer les épreuves non virées aux épreuves virées, nous avons établi que, sur une grande feuille albuminée semblable à celles dont nous venons de parler, et fortement colorée dans toute son étendue par une longue exposition aux rayons solaires, la quantité d'argent restant après l'opération du fixage est en moyenne égale $0^{gr},150$ (1). Si nous appliquons à ces épreuves colorées dans toute leur étendue ce raisonnement que, dans une épreuve ordinaire, la somme des blancs est sensiblement égale à la somme des noirs, nous voyons que la quantité d'argent qui constitue une épreuve ordinaire sur grande feuille doit être égale en moyenne à la moitié du nombre ci-dessus établi, c'est-à-dire à $0^{gr},075$. Comparons ce nombre aux $2^{gr},400$ d'argent que l'épreuve emporte au sortir du bain sensibilisateur, et nous arrivons à cette conclusion que l'argent dont l'image est formée représente environ les 3 centièmes du métal mis œuvre, et que les 97 autres centièmes dissous par les divers agents employés aux préparations positives s'en vont aux résidus et trop souvent au ruisseau.

Le développement immense acquis dans ces dernières années par l'art photographique donne à ces résidus une valeur plus grande qu'on ne peut le supposer. Il serait difficile de déterminer d'une manière certaine la quantité d'argent entrant dans les ateliers photographiques, les renseignements précis manquent à ce sujet; mais d'après les documents officiels fournis à l'un de nous à l'occasion de l'Exposition universelle de Londres, il n'y a aucune exagération à la fixer, pour la fabrication de Paris seulement, à une somme de plusieurs millions de francs. Trois pour 100 seulement de cette somme se trouvent employés d'une manière utile, 97 pour 100 se trou-

---

(1) Huit essais ont donné les nombres suivants :

$0^{gr},170$; $0^{gr},137$; $0^{gr},111$; $0^{gr},172$; $0^{gr},112$; $0^{gr},110$; $0^{gr},154$; $0^{gr},121$.

veraient perdus sans ressource et sans profit pour personne si le photographe ne s'imposait le soin de les rechercher dans les résidus de ses travaux.

Pour le photographe qui suit dans ses opérations la marche habituelle, les substances liquides ou solides dans lesquelles s'accumule l'argent sont nombreuses, et aucune d'elles, *à priori* du moins, ne doit être négligée

Lorsque le bain d'argent a servi, les cuvettes sont lavées : ces eaux de lavage ne doivent pas être rejetées, elles peuvent être mises aux résidus, mais il vaut mieux les ajouter directement au bain de nitrate, et les faire servir à de nouvelles sensibilisations.

Tandis que les feuilles sont suspendues pour sécher, on place à l'un des coins de petites bandes de papier buvard ; ces bandes doivent être soigneusement recueillies, elles sont saturées d'azotate d'argent.

Au sortir des châssis, chaque feuille est lavée à l'eau pour enlever le nitrate libre ; là se produit le résidu le plus important.

Puis viennent le bain d'hyposulfite employé au fixage, et les eaux de lavage de l'épreuve fixée.

Ajoutons à ces diverses substances les rognures détachées de l'épreuve au sortir du châssis, les filtres, le kaolin employé à l'éclaircissement du bain, et enfin les papiers divers qui ont servi à éponger les tables et le parquet, ou les divers objets sur lesquels a pu se répandre une quantité quelconque du liquide argentifère.

L'argent se trouve réparti entre ces divers milieux d'une manière fort inégale ; cette répartition présente, au point de vue des opérations, une grande importance, et nous l'avons soigneusement étudiée.

Les deux analyses suivantes établissent dans quelle proportion l'argent se trouve distribué par les diverses manipulations que nécessite la préparation d'une épreuve positive.

Première analyse. — 18^{gr},80 d'argent ont servi à la préparation de 14 demi-feuilles; l'argent a été ensuite recherché et dosé dans les divers résidus des manipulations.

	Poids d'argent.	Quantité d'argent en centièmes.
	gr	
Papiers d'égouttage............	0,225	1,196
Première et deuxième eau de lavage avant virage.........	10,170	54,090
Bain d'hyposulfite de soude après fixage...................	7,016	37,310
Eaux de lavage des épreuves fixées	0,130	0,696
Rognures détachées des feuilles après l'exposition..........	0,300	1,595
Restant sur les épreuves.......	0,582	3,100
Pertes, par égouttage, etc......	0,377	2,013
	18,800	100,000

Deuxième analyse. — 43^{gr},76 d'argent ont servi à la préparation de 32 demi-feuilles; l'argent a ensuite été dosé comme ci-dessus.

	Poids d'argent.	Quantité d'argent en centièmes.
	gr	
Papier d'égouttage............	0,450	1,028
Première et deuxième eau de lavage avant virage.........	23,133	52,860
Bain d'hyposulfite de soude après fixage...................	14,078	32,100
Eaux de lavage des épreuves fixées	1,800	4,110
Rognures détachées des feuilles après l'exposition..........	2,000	4,570
Restant sur les épreuves.......	1,356	3,100
Pertes, par égouttage, etc......	0,943	2,232
	43,760	100,000

Les deux analyses dont nous venons de rapporter les résultats montrent que l'argent employé à la préparation des épreuves positives se trouve réparti à peu près de la manière suivante :

3 pour 100 environ se retrouvent sur l'épreuve terminée.

7 pour 100 environ figurent à l'état solide dans les papiers d'égouttage, les filtres, les rognures de feuilles, les papiers au moyen desquels on a pu recueillir, en les épongeant, les gouttes tombant des feuilles et correspondant aux 2 pour 100 de perte qu'accusent les deux tableaux ci-dessus.

50 à 55 pour 100 sont dissous à l'état de nitrate dans les eaux de lavage de l'épreuve insolée.

30 à 35 pour 100 sont entraînés dans le bain fixateur d'hyposulfite de soude.

5 pour 100 enfin, au maximum, peuvent être retrouvés dans les eaux de lavage des épreuves fixées.

Les manipulations nécessaires pour extraire de ces divers résidus l'argent qui s'y trouve contenu doivent satisfaire à trois conditions : elles doivent être rapides, économiques, et d'une excessive simplicité ; nous espérons être parvenus à les placer dans ces trois conditions et à faire du traitement des résidus une opération tellement facile, qu'elle puisse être abordée par le photographe le moins habitué aux opérations chimiques.

Traitement des résidus liquides. — Nous nous occuperons, en premier lieu, du traitement des liquides ; 90 pour 100 de l'argent mis en œuvre s'y trouvent dissous, et c'est sur eux que l'attention doit se porter tout d'abord.

Plusieurs procédés ont été proposés pour le traitement des résidus liquides ; aucun d'eux, suivant nous, ne répond, d'une manière complète, au programme que nous avons tracé plus haut, et nous nous trouvons conduits à les repousser. Quelques mots suffiront pour faire comprendre nos motifs.

Le premier procédé qui ait été conseillé l'a été par M. Davanne en 1855. Il consiste à réunir tous les résidus liquides, à les additionner d'une solution de foie de soufre qui précipite l'argent à l'état de sulfure, à recueillir celui-ci, à le griller soigneusement, de manière à brûler tout le soufre, et enfin à fondre le résidu du grillage avec son poids de nitre. Ce procédé a dès l'origine fixé l'attention des opérateurs, beaucoup s'en sont occupés, plus d'un même a cru devoir le découvrir à nouveau, depuis la première publication qu'en a faite son auteur. Il est aujourd'hui en pratique dans quelques laboratoires, mais son adoption est loin d'être générale. Il présente, en effet, certains inconvénients : les sulfures alcalins répandent dans l'atelier des émanations sulfhydriques, non-seulement désagréables, mais même nuisibles à la stabilité des épreuves qu'on y prépare ; avec le sulfure d'argent, se précipite une grande quantité de soufre qui rend pénible et délicate l'opération subséquente du grillage. Si ce grillage est incomplet, la masse retient une certaine proportion de soufre libre qui, en présence des traces de charbon que renferment toujours les cendres et du nitre par par lequel on les traite, peut donner naissance à de dangereuses détonations. Si, pour éviter ces inconvénients, on substitue au foie de soufre les monosulfures que l'on trouve dans le commerce des produits chimiques, on rencontre cet autre inconvénient d'opérer avec des produits incertains, souvent plus riches en carbonate qu'en sulfure, d'autres fois renfermant un excès de soufre. Cependant, avec une certaine habileté, il est facile de combattre ces inconvénients, et le procédé par les sulfures devrait encore être conseillé si la chimie n'offrait, comme nous le verrons tout à l'heure, des méthodes beaucoup plus simples.

Depuis cette première publication, M. Maxwell Lyte a fait connaître deux procédés consistant : le premier à faire bouillir les résidus avec une solution de potasse, le second à traiter ces mêmes résidus à l'ébullition par un mélange de glucose et de potasse. Il est inutile, croyons-nous, d'insister sur ces deux procédés ; conseiller à nos photographes, dont plusieurs produisent chaque jour des centaines de litres de résidus, de soumettre ces liquides à l'ébullition, c'est leur conseiller une opération industrielle à laquelle aucun d'eux évidemment ne voudra se soumettre.

Nous ne parlerons point du procédé consistant à traiter les résidus par les acides dans le but de détruire l'hyposulfite de soude : ils n'ont rien de pratique et ne peuvent être adoptés que dans les opérations analytiques du laboratoire.

M. Peligot, de l'Institut, est le premier entré dans une voie nouvelle et excellente. Le procédé qu'il a présenté en 1861 à ses collègues de la Société française de Photographie consiste à plonger dans les résidus une lame de zinc sur laquelle l'argent vient se précipiter à l'état de poudre métallique qu'il suffit de fondre ensuite avec un peu de sel de soude et de borax. Ce procédé réussit très-bien avec les eaux de lavage, qui ne renferment que du nitrate d'argent, mais il présente, lorsque l'on opère sur des solutions d'hyposulfite de soude, un inconvénient grave. En même temps que l'argent métallique, se dépose une quantité assez considérable de sulfure de zinc formé par l'action de l'hydrogène sulfuré naissant qui se produit alors. La présence de ce sulfure de zinc rend très-pénible la fusion de l'argent ; on peut, il est vrai, le détruire, en traitant, comme l'a conseillé M. Peligot, le précipité par une petite quantité d'acide sulfurique étendu ; mais, dans ce cas, l'hydrogène sulfuré qui se forme réagissant sur l'argent en poudre, en sulfure une partie, et le culot métallique obtenu par la fusion ne correspond plus aux quantités d'argent que le résidu renfermait. Il est heureusement facile d'obvier à cet inconvénient, en modifiant très-légèrement la méthode de M. Peligot, et en substituant au zinc le cuivre, sur lequel l'argent se dépose également avec facilité, et qui, se comportant vis-à-vis de l'hyposulfite de soude comme l'argent lui-même, ne donne lieu à aucune formation de sulfure.

C'est donc la méthode de M. Peligot modifiée par la substitution du cuivre au zinc que nous conseillerons aux photographes.

Mais avant d'aborder la description pratique de l'opération, il ne sera pas sans intérêt, ne fût-ce que pour éviter à plus d'un des recherches inutiles, de relater en quelques mots les essais nombreux que nous avons tentés dans le but d'isoler l'argent des solutions d'hyposulfite.

Avant d'adopter le cuivre pour la précipitation, nous avons essayé plusieurs autres métaux : le fer, l'étain, etc. ; nous avons essayé également divers couples de métaux ; dans tous ou presque tous les cas, nous avons vu l'argent se précipiter, mais rester toujours mélangé à des proportions plus ou moins grandes de composés sulfurés.

Un courant électrique faible décompose aisément les solutions argentifères d'hyposulfite, mais le précipité que l'on obtient ainsi est formé de sulfure d'argent et non d'argent métallique.

Le procédé employé par M. Martin pour l'argenture du verre a été également essayé par nous ; en traitant les résidus par le sucre interverti et l'ammoniaque l'argent se dépose, mais avec une telle lenteur, que les photographes ne sauraient tirer parti de cette intéressante réaction.

Dans un autre ordre d'idées, MM. Millon et Commaille ont récemment proposé de traiter les résidus photographiques par du protochlorure de cuivre ammoniacal. Ce procédé est bon en principe, mais il ne saurait passer dans le domaine de la pratique ; en effet, le protochlorure de cuivre est un corps d'un prix élevé, d'une excessive instabilité, et dont le degré plus ou moins grand d'altération ne pourrait manquer de causer aux photographes de graves mécomptes.

En nous plaçant au même point de vue, nous avons soumis les résidus à l'action du protosulfate de fer ammoniacal. Ce procédé, par suite de la stabilité relative du protosulfate de fer, eût possédé sur le précédent des avantages marqués. En traitant les résidus par une quantité de ce sel égale à $2^{gr},5$ pour chaque gramme d'argent qui s'y trouve contenu, et ajoutant quelques centimètres cubes d'ammoniaque, on voit se former un précipité d'argent métallique et de peroxyde de fer mélangés en proportions à peu près égales. Malheureusement, ce précipité renferme toujours cinq ou six centièmes de soufre qui, lorsqu'on soumet le mélange sec à la fusion avec les flux ordinaires, même additionnés de nitre, rendent l'opération assez difficile pour que nous ayons cru devoir abandonner le procédé.

Enfin, nous citerons les essais que nous avons entrepris dans le but de détruire l'hyposulfite des résidus en l'oxydant au moyen des hypochlorites, le transformant en sulfate, et permettant ainsi à la totalité de l'argent de se précipiter à l'état de chlorure. En opérant d'après ce principe avec des chlorures de soude ou de potasse concentrés, nous avons obtenu les résultats les plus satisfaisants ; cependant nous ne conseillons pas ce procédé, car il est plus compliqué et plus dispendieux que celui basé sur l'emploi des lames de cuivre, et dont nous allons donner la description.

Une lame de cuivre abandonnée dans la solution de nitrate d'argent qui constitue les eaux de lavage en précipite totalement l'argent à l'état d'éponge métallique en vingt-quatre heures, quarante-huit heures au plus. Une lame de zinc se comporte de la même façon.

Une lame de cuivre, abandonnée de même dans la solution d'hyposulfite de soude qui constitue le bain fixateur, en précipite l'argent sous la forme d'une poudre cohérente, souvent même de lame continue, mais avec moins de rapidité; deux jours de contact sont nécessaires, au minimum; quatre jours valent mieux, mais au bout de ce temps l'action peut être considérée comme terminée; la prolonger plus longtemps serait sans inconvénient comme sans avantages. Si la précipitation est plus longue en présence de l'hyposulfite, elle n'est pas, non plus, aussi complète. Un dixième environ de l'argent reste en dissolution, mais cette perte est négligeable; elle est fort minime, en effet, car la quantité d'argent contenue dans l'hyposulfite fixateur ne s'élève qu'à 37 pour 100 de la quantité totale, ce qui, en réalité, réduit la perte à 3,7 pour 100 de cette quantité.

On voit donc qu'à tous les points de vue il y a avantage à traiter séparément les eaux de lavage avant virage, et le bain fixateur.

Dans ce but, le photographe doit avoir, soit au dedans, soit au dehors de son atelier, deux pots en grès, de dimensions telles, que l'un puisse contenir ses eaux de lavage de deux jours, l'autre ses bains fixateurs et leur première eau de lavage de quatre à six jours. Dans chacun de ces pots, il placera un nombre quelconque de lames de cuivre rouge; deux grandes lames placées en face l'une de l'autre conviennent fort bien. Aucune suspension, aucune précaution particulière ne sont nécessaires; les lames peuvent s'appuyer simplement contre les parois.

Au fur et à mesure de ses travaux, il jettera dans le premier pot ses eaux de lavage, et les y laissera séjourner de vingt-quatre à quarante-huit heures suivant ses besoins. Dans le second il jettera ses bains fixateurs et leur première eau de lavage, en ayant soin d'y prolonger leur séjour pendant deux jours au moins.

Dans l'un et l'autre cas, il verra se déposer sur la partie immergée des lames l'argent métallique, qu'il aura soin de détacher de temps à autre avec une brosse dure. La poudre d'argent pourra, ou bien être recueillie de suite, ou bien abandonnée au fond du vase jusqu'au moment où elle s'y trouvera accumulée en quantité suffisante pour une fonte. Dans tous les cas, la décantation du liquide ne devra avoir lieu que quelques instants après le brossage des lames, et lorsque la poudre d'argent aura eu le temps de se déposer au fond.

La poudre sera ensuite recueillie sur un filtre en papier ou sur une toile, si la proportion en est considérable, puis séchée soit à l'air libre, soit dans une étuve, soit simplement sur un poêle.

Elle sera prête alors pour la fusion. Cette opération est aisée dans les conditions actuelles, et le photographe peut l'exécuter lui-même ; mais si cependant il préfère l'éviter, rien ne lui est plus facile que de vendre au fondeur la poudre métallique qu'il a obtenue. La forme sous laquelle l'argent se trouve précipité est préférable à toute autre, au point de vue de cette transaction, car rien n'est plus facile que de passer cette poudre d'argent à la coupelle et d'en fixer le titre avant la vente. En prenant la précaution de faire essayer ainsi leur produit et ne traitant qu'après l'essai (1), les photographes éviteront ces fâcheuses difficultés que plus d'une fois nous avons vues s'élever entre eux et les fondeurs.

Mais si le photographe préfère opérer la fusion lui-même, il suivra la marche suivante : dans un fourneau de fusion, il placera un creuset de bonne qualité, le portera au rouge vif, puis, cette température atteinte, y projettera peu à peu le mélange suivant :

Poudre métallique lavée et séchée..... 100
Borax fondu pulvérisé.............. 50
Nitre fondu pulvérisé.............. 25

Le nitre a pour but d'oxyder la majeure partie du cuivre entraîné mécaniquement pendant le brossage des lames. Lorsque, dans le creuset, dont la hauteur doit être telle, qu'il puisse trois fois au moins contenir le volume du mélange qu'on y introduit, toute ébullition aura cessé, on donnera un bon coup de feu pendant vingt minutes, on laissera refroidir, puis

---

(1) Un essai d'argent se paye 0fr,75.

on cassera le creuset pour en extraire le culot métallique. Celui-ci renfermera encore un peu de cuivre, mais ce sera la seule impureté dont il pourra être souillé; le photographe ne rencontrera donc aucune difficulté, soit à le transformer directement en azotate, soit à le vendre au commerce après essai.

Traitement des résidus solides. — Il ne nous reste plus à parler que des résidus solides. Tous les papiers du laboratoire doivent être réunis, brûlés dans un fourneau bien propre, et les cendres laissées en tas afin de rendre complète la combustion des matières organiques.

Quelques auteurs ont conseillé de traiter ces cendres par l'acide azotique, espérant dissoudre ainsi tout l'argent qui s'y trouve contenu. Ce procédé est mauvais, et l'on devait s'y attendre, car parmi les sels minéraux que ces papiers laissent par l'incinération, figurent des chlorures et sulfures qui transforment une partie de l'argent en chlorure et sulfure d'argent irréductible par le charbon. Nous l'avons vérifié par l'expérience directe. 50 grammes de cendres traitées par l'acide azotique, lavées, séchées, puis fondues dans des conditions convenables, nous ont encore fourni un culot pesant 10 grammes d'argent.

C'est donc par la voie sèche que les cendres doivent être traitées; l'opération a lieu dans un creuset de la façon que nous avons exposée plus haut, seulement les substances qu'il leur faut mélanger sont différentes; dans ce cas, en effet, il n'y a plus d'oxydation à produire, mais il faut transformer en un verre fusible la chaux que les cendres renferment en grande quantité.

On fera donc le mélange suivant :

Cendres...................... 100
Carbonate de soude sec......... 50
Sable quartzeux................ 25

Ainsi mélangées, les matières fondront aisément, le chlorure lui-même se trouvera réduit, et l'on obtiendra un culot métallique dont le poids pourra varier de 30 à 60 pour 100 du poids des cendres, suivant la nature des papiers soumis à la combustion.

En résumé, en suivant la méthode que nous venons d'indiquer, et l'appliquant avec soin, le photographe devra toujours retrouver dans ses résidus 90 pour 100 de l'argent employé. En effet, les seules pertes ou dépenses qu'il aura à supporter au maximum seront :

3,1 pour 100 environ restant sur l'épreuve;
2,3 pour 100 perdu par l'égouttage :
3,7 pour 100 environ que les lames de cuivre n'auront pu complétement enlever aux solutions d'hyposulfite.

On s'étonnera sans doute de ne point nous entendre parler, dans le cours de ce travail, des résidus d'or; mais si l'on veut se reporter au chapitre que nous avons consacré au virage, on reconnaîtra qu'avec le bain d'or agissant d'une manière continue, que nous avons proposé, il n'existe plus pour nous de résidus d'or. Si, cependant, le photographe attaché aux anciens procédés de virage croyait devoir jeter chaque jour aux résidus la quantité d'or si considérable que renferme son bain inerte et qui peut cependant lui servir encore, il n'aurait pas à s'en préoccuper. Ce que nous avons dit de l'argent s'applique également à l'or. Les lames de cuivre ou de zinc précipitent l'or aussi bien que l'argent, et l'un et l'autre seront retrouvés soit dans la poudre précipitée, soit dans le culot métallique.

En terminant cette longue étude des épreuves positives, nous ne pouvons nous empêcher de reporter nos regards en arrière et de jeter du point de départ un coup d'œil sur l'ensemble des faits qu'elle renferme. En publiant, le 19 février 1858, les premières lignes de cette étude, que depuis trois années déjà nous avions entreprise, nous écrivions : « Inexpliqués jusqu'ici, les phénomènes photographiques doivent nécessairement rentrer dans la série des réactions chimiques ordinaires. » Nous pouvons le dire aujourd'hui sans crainte, toutes nos prévisions se trouvent réalisées.

La décomposition du chlorure d'argent sous l'influence de la lumière, la nature des substances qui colorent l'épreuve, le rôle que jouent dans la production de cette coloration le nitrate d'argent libre, les sels d'or, et surtout ces matières organiques que le photographe emploie à l'encollage de ses papiers, l'effet produit par les différents fixateurs, et notamment par l'hyposulfite de soude, les limites de leur action, le fait si curieux et si intéressant du virage s'expliquent aujourd'hui par le simple jeu des forces chimiques, et ne sont autres que des phénomènes semblables à ceux que le chimiste accomplit chaque jour dans son laboratoire.

La théorie n'a pas seule profité de ces recherches, la pratique en a bénéficié également. L'étude de l'influence qu'exercent les papiers de diverse nature et leurs encollages sur la beauté de l'épreuve, la démonstration de ce fait que les divers chlorures conseillés pour le salage agissent tous d'une façon identique, la détermination des effets dus à l'état de concentration, d'acidité ou de neutralité du bain sensibilisateur, la démonstration de l'action destructive des vieux hyposulfites, l'établissement des conditions pratiques du fixage et du virage et, par-dessus tout, l'invention de procédés permettant d'obtenir à coup sûr des épreuves photographiques d'une stabilité parfaite, resteront comme les résultats principaux de l'étude que nous avons laborieusement poursuivie pendant les dix années qui viennent de s'écouler.

ERRATA.

Page 43, ligne 33, *au lieu d'*acétate d'argent, *lisez* azotate.

Page 55, ligne 8, *au lieu de* une couche imperceptible, *lisez* un louche imperceptible.

Page 78, ligne 1re, *au lieu de* 100 d'ammoniaque, *lisez* 100, d'ammoniaque.

Page 99, lignes 5 et 6, *lisez* la proportion est d'un quart environ dans les deux cas.

TABLE ANALYTIQUE DES MATIÈRES.

D

E

F

G

H

I

K

L

M

N

P

R

S

T

V

Z

Paris. — Imprimerie de Gauthier-Villars, successeur de Mallet-Bachelier, rue de Seine-Saint-Germain, 10, près l'Institut.

www.ingramcontent.com/pod-product-compliance
Ingram Content Group UK Ltd.
Pitfield, Milton Keynes, MK11 3LW, UK
UKHW021256180726
13837UKWH00007B/458